母爱的伤，也有疗愈力量

超越让你倍感痛苦的母女关系

刘南琦 —— 著

华夏出版社
HUAXIA PUBLISHING HOUSE

图书在版编目（CIP）数据

母爱的伤，也有疗愈力量：超越让你倍感痛苦的母女关系 / 刘南琦著. -- 北京：华夏出版社有限公司, 2021.1

ISBN 978-7-5080-9946-0

Ⅰ.①母… Ⅱ.①刘… Ⅲ.①女性心理学—亲子关系 Ⅳ.①B844.5

中国版本图书馆CIP数据核字（2020）第083047号

中文简体版通过成都天鸢文化传播有限公司代理，经城邦文化事业股份有限公司 / 橡树林出版事业部授予大陆独家出版发行，非经书面同意，不得以任何形式，任意重制转载。本著作限于中国大陆地区发行。

版权所有，翻印必究。

北京市版权局著作权登记号：图字 01-2019-6600 号

母爱的伤，也有疗愈力量：超越让你倍感痛苦的母女关系

著　　者	刘南琦
责任编辑	陈　迪　赵　楠
出版发行	华夏出版社有限公司
经　　销	新华书店
印　　刷	三河市少明印务有限公司
装　　订	三河市少明印务有限公司
版　　次	2021年1月北京第1版　2021年1月北京第1次印刷
开　　本	880×1230　1/32开
印　　张	6.25
字　　数	113千字
定　　价	49.00元

华夏出版社有限公司　网址：http://www.hxph.com.cn 地址：北京市东直门外香河园北里4号 邮编：100028
若发现本版图书有印装质量问题，请与我社营销中心联系调换。电话：（010）64663331（转）

目录

推荐序　走过破坏、看懂伤害、学习爱 / 1
开场　看懂伤害才有办法爱 / 5
前言　受过的伤也有疗愈的力量 / 11

第一章　当年的孩子有些苦涩

1　为何在母女关系中受苦？/ 002
　　无法摆脱的命运，无法挑选的家人 / 004
　　无法不在乎的母女关系 / 006

2　母亲"应该"是慈爱的吗？/ 009
　　血缘关系≠天然的爱 / 009
　　我们的故事也是你的故事 / 012

3　当无法靠近母亲时 / 016

　　童年的不愉快回忆——无法满足的需求 / 016

　　常说"不"的母亲 / 020

4　供需不平衡的爱，一切自己来 / 023

　　关系放一边，自我摆中间：属于我的叛逆 / 024

　　独立后，自己更自由 / 027

5　母亲的伤害该如何终止？ / 030

　　被体罚的自己，以后绝不打小孩：阿孀的故事 / 030

　　累积出走的能量：阿孀的圆梦计划 / 035

6　若没有母爱，该如何长大？ / 039

　　家庭破碎，我该怎么办？ / 039

　　我是自己长大的：健身房先生的故事 / 039

　　不去掌控、过度控制家人，而要祝福家人：黑皮的故事 / 043

第二章　走过苦涩的青春岁月

7　所谓的叛逆，其实是被伤害、误解 / 048

　　叛逆的女儿，不被了解的青少年：小柔的故事 / 050

8　我不是你们想要的样子 / 055

　　只能在梦里拥有甜点店：小希的故事 / 056

目 录

我是小提琴家＋滑雪选手：陈美的故事 / 059

9 不典型的力量 / 062
以孝顺为名的伤害：女人不该 man，男人不该娘 / 062
假儿子真女儿：长裤女的故事 / 063
这就是我的声音：花美男的故事 / 066

10 没有母爱，还是可以学到爱 / 068
情绪是双刃剑，伤了母亲又伤了孩子 / 068
失控的母亲，失落的亲情：小芷的故事 / 070

11 "都是为你好"：社会期待的破坏力 / 074
坚持自己，拒绝相亲：女医师、女画家的故事 / 075
"你开心就好"是真的吗？ / 078

第三章 成年之后，理解更多，重建关系

12 不良的夫妻关系，母爱大打折扣 / 082
抱怨老公的母亲，无法尽的孝道 / 083
父母的样子，自己的影子 / 086

13 摆脱中产阶级的家庭包袱 / 090
丢开家暴的包袱：背包小姐的故事 / 090
简单的爱与社会地位无关 / 094

14 摆脱传统伦理的枷锁 / 096
　　挑战旧有的"应该"，重新思考 / 097
　　女人的折损，女人的心理病 / 098
　　跨越禁忌 / 102

15 摆脱角色的束缚 / 103
　　摆脱角色的义务与责任 / 105
　　主妇的强迫症，唯有看清才能解脱 / 107

16 和解是可能的吗？ / 110
　　女人不一定要嫁掉：小敏的故事 / 111
　　只要让步就没有冲突 / 114

17 如何在关系中喊停 / 116
　　设下止损点，停止被剥削与践踏 / 116
　　不能说的秘密：高教授的故事 / 117
　　情绪的苦，身体最知道 / 119

第四章　当自己也成为母亲……

18 老女儿的旧伤痛，漫长的疗愈过程 / 124
　　还好没有遗憾：带母亲去旅行 / 127

19 新的亲密关系：在过去中学到的事 / 132

目 录

与其他家人的关系 / 132
从母女关系到婆媳关系 / 135
想成为不一样的母亲 / 137

20 不让自己活在遗憾里 / 141
表达需要,不拐弯抹角 / 141
理直气壮地付出与争取 / 144

21 不复制破坏性关系 / 148
我父母的关系 / 149
努力不要成为过去的妻子与母亲:小柔的续集 / 151
她是养女吗 / 152

22 如果爱可以重来 / 155
陌生的妈,陌生的爱 / 157
用耐心化解对立 / 159

23 女儿们的故事未完,待续 / 162
未来仍要继续 / 163
关系界线进可攻、退可守 / 166

后记 不容小觑的关系 / 170
被点燃的母女地雷 / 170
大病之后选择放下 / 173

推荐序
走过破坏、看懂伤害、学习爱

黄惠萱 / 临床心理师
《爱妈妈，为什么这么难？》作者

"心理师，你会不会觉得我很好笑，到了这个年纪还在为了这些小事痛苦？""其他正常人都是怎么面对这些事的啊？像心理师你呀！你是怎么做的呢？"这类问题我在晤谈室里常听到。深陷痛苦的人总是感到自己非常孤单，想象别人（特别是坐在一旁表情平静的我）跟自己不一样；他们认为心理师应该有神奇的力量，默默在心里嫉妒我可以幸免于这些凡俗的痛苦。

人们常需要理想化自己的照顾者。就好比年幼的我们需要相信父母是完美的，如此一来才会感到安全；又像当我们踏进治疗室、迈向辛苦的疗愈之路时，孤独而脆弱的状态也需要我们理想化自己的心理师，好像这么做才能保证自己可以从创伤中复原。然而，唯有渐渐走出幽暗的人，回想起来才会真的明

白,从理想到幻灭的过程是心灵健康的必经道路,不论是对父母,还是对治疗师。

在晤谈室里,求助者带来的故事与难题才是焦点,所以心理师只有在必要的时候,才会袒露部分的自我,于是在一般人的心里,我们是披着神秘面纱的"魔术师"。本书的作者是擅长描述故事的说书人,也是位勇敢拨开迷雾的心理师。她将许多苦于母女关系的故事娓娓道来,同时剖开自己的心,将个人疗伤的过程书写下来,让读者一窥心理师如凡人一般的苦楚与顿悟。

即使同为心理师,我也很难有机会看见另一个助人者以赤诚袒露的姿态分享自己的内在经验。如作者在书中一开始所说,她原本没想过将自己在母女关系中的疗愈过程出版,而最后因着许多人的需要(我想也因着她自己的修复逐渐圆满),决定将这些记录集结成书。

在晤谈室里我常陪伴那些带伤长大的女儿,帮助她们消化成为妻子与母亲后和丈夫、小孩相处时的内心纠结。一直到这几年,自己成人妻为人母,也深刻地经历了这些复杂的心境。

怀第二胎时,我一直很担心自己第一个孩子的情绪和反应,很担心孩子会有妈妈被弟弟或妹妹抢走的感觉,因为我自己是长女,也曾经非常嫉妒自己的手足。后来第二个孩子出生,即使我非常努力,仍然无法时时兼顾大女儿的需要,这令我充

推荐序　走过破坏、看懂伤害、学习爱

满挫败感。我不但要担负"两孩"妈妈的疲惫，还因为让大女儿体会到和自己小时候一样的感受而深深内疚。

陪两个孩子入睡永远是让人头痛的事。当时两岁多的大女儿还舍不得和我分房睡，而看着我侧身喂小女儿母乳，她也会感到很寂寞；有一次她要我转过身来看着她，不要背对着她，但是如果我面对着她，在喝母乳的小女儿必定夹在我们中间，大女儿还是会伤心。最后，在我与她爸爸的软硬兼施下，她安静地在旁边等我哄小女儿入睡。

等到我可以回过身来陪她入睡时，她反而退到床边不让我亲近。当下，错愕、疲累、生气、委屈等感受，全都浮上我心头。回想起来，我当时没有大发脾气，都要归功于多年来我被治疗的经验（是的，你没看错，心理师也需要自己的心理师），对于自己的问题我已多次觉察与处理，但痛苦终究是痛苦呀！

我对大女儿说了一串话，最重要的一句是："你是不是怕妈妈只爱妹妹不爱你？"大女儿听完就大哭着扑到我怀里，我急忙召来爸爸抱走睡着的小女儿，我则好好地抱着大女儿，听着她用自己的语言跟我倾诉她的害怕，陪着她哭完，再心无挂碍地入睡。那一刻，我为自己流下眼泪，"我当时一定也很想要妈妈这样抱我吧！"而我终于成了可以给女儿拥抱的母亲。

心理师真的有什么比一般人厉害的地方吗？并没有。我们并非不会经历母女关系里面的各种挣扎，我们也不超凡脱俗，

母爱的伤，也有疗愈力量

我们没有魔法神力，我们的心灵也没有进化得比较完美。要说真的有那么一点点差别的话，就像心理治疗大师欧文·亚隆（Irvin D. Yalom）说的："助人者最需要的人格特质是愿意持续内省，我们愿意养成不断觉察的习惯，勇于接受不完美，将这些技巧和经验带到专业工作中；我们帮助来晤谈的求助者接受人生的不完美，从爱的破坏力里幸存，活出自己的样子。"

也许你没有自己的心理师，但是看着一个专业心理师坦然接纳自己生命中母女关系里的伤痛与破坏，看她直白地道出人生中许多不完美和遗憾，看着她在疗愈自己的过程中活出自己想要的样貌，你会想到自己的经历，你会觉得自己其实不孤单，你会发现原来还可以这样想，你会知道你可以活得更自由。不管是出于对母女议题的关注，还是对心理师的生活感到好奇，相信这本书都会让你得偿所愿，收获满满。

打破母女关系的刻板公式，迎向未来的新关系！

这是属于中国女儿们的受伤心事。

从社会氛围中省思，以新的思维方式寻找属于我们的疗愈力量！

开场
看懂伤害才有办法爱

本书的缘起

这是我第一本足足写了六年多的书,从得知母亲患癌并已至末期开始,我便一点一点整理自己的心情,直到现在还在进行疗愈。

一开始无意出版,因为我不确定这样的私人领域会有读者感兴趣,直到与周遭朋友一点一滴地分享,出乎意料,朋友,甚至不认识的朋友的朋友,她们反应热烈,纷纷主动表示想跟我倾诉她们自己的母女故事,我才发现有这样的母女关系问题的人竟然那么多。

我们的分享不是为了指责母亲,不是用来内疚,而是想回顾这段关系究竟是怎么回事，我们和自己的母亲都没有做错什么，只是我们无法彼此相爱。

母亲用她的方式守护这个家，也用她的方式照顾我，我想靠近她，但是我没办法。小时候的我不懂自己为什么会被这样对待，我得不到答案，只能用愤怒、冷漠、特立独行来表达。后来我渐渐理解了一些事，也理解了母亲有自己的苦与问题。但过去累积的挫折、伤心与对母爱的绝望感已经存在，我有办法消化吗？这会对我与自己的家庭产生什么影响？

我曾经以为念心理学的动机"只是"对人的问题感兴趣，这不就和许多人对心理学感兴趣的理由一样吗？但我无法解释这个"只是"，居然让我愿意克服过去数理化都不及格的障碍，硬着头皮修完所谓的"高等统计学"（天知道我连"低等统计学"也学不会），花了足足八年的时间，在高手如云的学术领域低空飞过，然后又在临床领域生存了下来。这让原来文科背景的我吃足了苦头。

若不是背后有强大的动机驱使，我就无法咬着心理学不放。那么我一定是在心理学中找到了什么，或者是在用心理学服务他人的过程中，得到了什么，这些加起来就足以让我以感恩与喜乐的心态做着临床心理师的工作。

这几年来，因为对母女、亲子议题的敏感，使我对种种"原生家庭"格外感兴趣，也格外敏感，在实务工作中这让我受益良多，从每个个案身上看到、学到许多。有时候个案是因为一段感情问题或是现在工作的困境来求助的，看似跟原生家庭无关，但我不放弃对个案家庭的探索。在我小心的带领之下，聊着聊着，随着谈话内容的深入，个案开始觉察到自己对感情的不安全感是从小时候的经验得来的。对权威人物厌恶反感，其实是源于对权威父母的反抗；有的个案无法走出过去遭受过性侵害的阴影，并非因为加害人本身，而是因为当时拒绝伸出援手并反加指责的父母。

任何症状都有其来源，只是有的可以用言语表达，有的不行。那些无法表达、说不出口的苦，说不定会随着时间渐渐浮现，我们需要一个可以好好沉淀观看的机会。太多人对于过去经历的影响视而不见，以为过去的就过去了，未来要向前看。话说得漂亮，但未来并无法摆脱过去的影响，你无法把人生切断，重新来过。唯有回顾一遍，把过去看懂，而且要带着现在的成熟与智慧，然后才能有所领悟，往下好好活。

本书的特色

这本书是我与我的朋友们、个案们的疗愈笔记，以人生发展的历程作为纵线，从童年到青少年、成年、老年，在每个阶段都会面临关系议题，与母亲的关系也呈不同状态，而身处不同阶段的我们亦有不同的困境。我期待各种年纪的读者都有属于自己年纪所能想到的最好的应对方式。

这些年来，在出版市场萎缩的情况下，"母爱伤害"议题能够一枝独秀，成为大众心理学的显学之一，必定是因为许多人心有所感，伤害的感受是真实的存在，人们期待从阅读中得到抚慰。

有些书将母爱伤害或母亲类型分类，但对于女儿们该如何疗伤、照顾自己，再如何做出改变，则较少论述。我不愿将母亲贴上标签，因为分为 A 类之后，就排除了 B 类的可能。这不是诊断，母亲不该被归类，母亲承担着最复杂的工作，必须被放在所处的家庭环境中去理解——怎么会成为今天这样的母亲，就像我们为什么会成为怨怼母亲的女儿一样。

有些书的立意是带着"要修复母女关系""要把爱找回来"的信念，并且把期待加在读者身上。然而这并不是我想通过这本书做的事。一份关系要靠双方互动、经营，如果你已经努力过，你真的努力过，甚至已经遍体鳞伤，那么要你再努力、不放弃就过于残忍了。

我因为看懂自己与母亲的关系而心疼女儿们。与其抓住一份你不能掌握的关系，不如好好认清这样的困境，不抱无谓的期待，好好照顾自己。

- 不是只有母爱才是爱。
- 就算没有母爱，你还拥有其他的爱。
- 放弃也不是坏事，不再努力就是放过自己。

关于母爱议题，翻译书籍最大的局限是文化不同。也许美国的母爱伤害多与母亲自恋、自我中心有关，但台湾的母亲往往不够爱自己，在许多复杂的因素下，传统的不快乐的母亲的样貌出奇类似。她们被迫牺牲，重男轻女，被要求承担许多的责任，她们的女儿深受其害，也不知不觉地开始复制……

我急切地想提供本土母亲的样貌，急切地想说些故事，让女儿们了解这种复制的破坏性影响。你可以好好省思，然后喊停，至少不要成为你不想成为的那种母亲，真正地站起来，成为一个完整的人。

前言
受过的伤也有疗愈的力量

如果有人对"天下无不是的父母"这种想法执着，那么我这本书不是写给这些人看的，这些人的想法我无力改变，我想做的是，协助持这些僵化观念的失职父母所波及的孩子们疗伤与重新站起来；还有就是提醒为人父母者，我们很可能不是天生就适合做父母的，做好父母的能力可不会平白从天上掉下来，是需要一辈子学习的。

在门诊中听到许多父不父、母不母、子不子的故事后，我发现父慈子孝、兄友弟恭绝对是理想状态，家门内有太多的不堪，甚至一家人不像家人、一家人不是家人、一家人不像人……使得许多人都必须离家以求得解脱。

十多年互相不说话只传纸条的夫妻；相隔没两条街却老死

不相往来的兄弟；最无辜的是深受大人情感纠葛影响的孩子，因为他们不能挑选父母，所以不能阻止父母带来的伤害。而我的主要任务，就是帮助这些人疗伤，让他们看见这一路走来的辛苦，然后找到新的力量活下去。

我最不能看的是虐童新闻，网上的朋友偶尔会转帖《他正与死神搏斗，需要你的祝福》《请给这个无助的小孩一点力量》等文章，我看了，心情往往许久不能平复（我会激动、握拳）。

家，应该是温暖心灵的港湾啊，但这个"应该"，对许多人来说好难。每逢过年这个敏感时刻的前后两周，治疗个案总是让我最伤脑筋，因为过年对许多人来说，意味着必须和家人绑在一起过日子，过得会比平常更糟。

♥ ♥ ♥ ♥ ♥

这个由家扶中心转来的辍学生个案是个不到十六岁、来自单亲家庭的小女生，但她的人生经历已十分沧桑。她精神委靡，头发散乱、泛着油光，这显示她并没有受到家人该给予的细心照顾。目前她最大的问题是常和妈妈吵架，两人的关系是既相互依赖又常起冲突的病态互动。

她的母亲没有帮她准备三餐的习惯。她告诉我："只要我出去，我妈可以一整天不出门……她都叫我买外卖，如果我有事没办法买回去，她就不吃，还告诉我她不饿。真是气死我了。"我好讶异，一个应该受妈妈照顾的小女生居然得帮妈妈张罗饭食。

她的妈妈比她更需要来精神科就诊，但她妈妈大部分时间都在家躺着。她的情况则比妈妈好一些，至少愿意安排自己的生活。在数月前，她出院后恢复的情况还不错，于是我要她转告她妈妈需要跟所属学校办理复学。她说好，说她自己也很想回学校。无奈她妈妈嘴上说会帮她办、她不必管，却迟迟没有任何动作。

这位糟糕的母亲本身可能有抑郁症却不积极治疗，这么多年每日在家躺着，三餐依靠女儿，生活缺乏安排。这样不行，于是我发挥前所未有的积极性主动打电话给那位母亲，还刻意等到太阳下山、我快下班的时间才打去（因为"太早"打的话，她还没睡醒），要求她带女儿去办复学手续。结果这位妈妈回我："我也很想让她念书啊，但上次医生说她还不能回学校……"

"胡说！"我心中这样想。我才和主治医生谈过话，医生十分支持我的想法。我马上打给负责个案的社工，社工一接到电话，不用去查阅那堆积如山的档案，就直接和我讨论起来。显然，他对这个个案已经十分了解。社工告诉我一堆内幕，包括这位妈妈如何"善用"社会福利资源，从要求金钱补助到修理家中的天花板，简直无所不要，仿佛这个社会欠她一个人生，需要照顾她一辈子。至于她该尽的义务，她身为母亲该尽的义务呢？抱歉，这位妈妈会发火，会把气出在社工身上，因为她已经那么可怜了。

她到底是想继续把女儿当成病人锁在家里，还是担心女儿自立后她失去依靠？

其实不管是社区社工、医疗社工，甚至学校的社工都有介入。我很讶异，一堆社工那么努力却都无法改变这位妈妈，这个社会真的不欠她什么了。

我很努力地忍住怒气，尽力在每次晤谈中帮助这个小女生自立，但那位妈妈总是扯后腿。有一次我接到那位妈妈的电话，她说下次治疗时要和女儿一起来，有事情要和我谈。我不想单独见她，于是问她想谈什么。她开始抱怨："女儿变得很'叛逆'，说要搬出去住。我不知道她为什么说要搬出去住。当然，我是不反对啦，不过我想先跟你谈一下。"

这位妈妈的抱怨却是我治疗的曙光——终于有所突破，小女生开始要与妈妈划清界限，按照自己的意思过日子。这比被她妈妈一起拖下水好太多了。我说我下次约的时间是上午九点，并忍不住讽刺她："那你爬得起来吗？"她回答得非常没有现实感："那我就只好整晚不睡觉！这样一定可以。"结果正如我所料，她根本爬不起来。

其实她能不能来不是重点,她就算来了也是不停地抱怨,不会有丝毫的觉醒。她只是眼看女儿要离开,自己再也没人可以操控了,心里慌得很,需要找人诉一下苦。

她占尽社会福利的便宜,只想享受不愿意尽义务,觉得自己也是病人,所以理应得到照顾。既然她这么自绝于他人,我决定不再浪费自己的善心。

很多情况下,孩子破坏性的情绪或行为表现是事情发展的结果,但许多大人都误以为是孩子本身的个性使然,把自己该负的那部分责任推得一干二净。

例如"叛逆",这是指责孩子最好的武器,只要给青春期的孩子贴上叛逆的标签,那就什么都合理了:不听自己的话是叛逆,交了奇怪的朋友是叛逆,逃课逃学是叛逆。

一个常年贬抑爸爸、在孩子面前说爸爸"没用"的妈妈,为了女儿的问题头疼不已。她把女儿带来,向我们控诉女儿难以管教、叛逆、说谎、顶撞父母,说什么"自己没病妈妈才有病"(孩子看得比大人还清楚)。细问这位妈妈之后发现,女儿已经多年不叫"爸爸"而直呼其名,常说"恨爸爸""不想有这个爸爸""爸爸长得很丑"等话,孩子这样难道不是大人造成的吗?父不父、母不母,父母没有承担起各自的责任;夫不夫、妻不妻,夫妻无法处理彼此之间的冲突,又在孩子面前不加掩饰,让孩子看出了大人的无能与虚伪。

母爱的伤，也有疗愈力量

♥ ♥ ♥ ♥ ♥

　　如果一个母亲的行事、想法都是如此，她会教养出什么样的孩子，而这样的孩子能够健康地长大吗？她会快乐吗？她日后是渴望有属于自己的亲密关系，还是恐惧得不知如何是好？她要花多少时间摆脱过去重新开始？如果她有孩子的话，会给孩子一个她自己不曾有过的快乐童年吗？

　　我很庆幸自己摆脱了过去。因为我的母亲不轻易赞美，所以我很努力欣赏小孩的好，并随时很费心地赞美他们；因为我的母亲不轻易与子女拥抱，所以我每日都必给小孩大大的拥抱并加上嘴对嘴亲吻，有时出门前还要来这么一下，搞得身边的家人看不下去，说："你们到底好了没？要不要这么十八相送？"

　　我无法责怪我母亲，因为她在传统大家庭中背负着长女包袱长大，没有人给她足够的关爱，所以她除了在物质上满足女儿外，就没有多余的爱可以给了。

　　那么，上述与另一半有许多爱恨情仇、情绪激烈的妈妈们，如何带给孩子正向的夫妻相处经验？孩子只看到爸爸妈妈互相叫嚣，只差没打打杀杀，即使之后爸爸妈妈再声称没事、他们只是在讲事情，或者把自己的行为合理化，或者假装理性地分析"以后要慎选对象",这些都是白搭。孩子没学到建立亲密关系的窍门,倒是看到了大人的言行不一、虚伪、互相伤害。孩子无所适从。

我常常在门诊看到陪病患来看诊的家属比病患更像病人,但这个家属不觉得自己更需要就医。看到旁边倒霉的孩子成为家庭矛盾的牺牲者,我也只能徒呼奈何。

所以,我想说的是——

1. 对身为家长的你:别以为做了父母就会当父母,就一定不会给孩子带来伤害。做父母是一辈子的功课。爸妈的话不是圣旨,更不一定通通是对的,所以子女不一定要全盘接受。父母只能表达自己的意见,不能左右子女的人生;当然更不能用"我都是为你好"这样的情感绑架孩子,这样说全是出于私心。

2. 对身为孩子的你:别以为父母对你的伤害是应该的,当你想到"这样是不应该的"时才是成长的开始。父母给的不用照单全收,你有你的选择。

小时候的你,也许无助,却无法离开家;长大之后,你有力量为自己选择更好的生活。逃跑或离开不是懦弱,而是对自己以及自己日后的人生负责。

家人的爱与关怀不一定是无私的、不求回报的,这是我的心得,我想让一直这样想的人心生警惕。也许你会反驳我,因为我在工作场所看到的都是"特例",我希望你是对的,但这些年来做心理咨询或治疗的人有增无减,每个受伤与不快乐的人背后,几乎都有个不快乐的家庭故事。我认为我已经听得够多,多到对各种悲惨故事麻木,但事实上,永远有各种我无法想象的家庭故事。

第一章

当年的孩子 有些苦涩

1 为何在母女关系中受苦？

如果要我说世界上最遥远的距离是什么，我的答案不会是"你就在我身边却不知道我爱你"（实际上我也过了谈情说爱的年纪），而会是"母女关系"！那是一种看起来很近，实际上却有如马里亚纳海沟般无法跨越的距离；或者是说，你以为很近，身上流着共同的血，却互相纠缠、控制，想摆脱却无法摆脱的宿命，在外流浪、逃避，绕了大半圈，终究还是会绕回来面对。

对于"血缘"这件事，我始终觉得很讽刺。临床工作多年，看到伤害个案最深的正是那该死的血缘关系——因为血缘关系，个案们只能一再被索取、伤害，但心底的孺慕之情又让个案们无法远离，等着那个"加害者"可能偶一为之的慈爱，说服自己继续留下来，等待下一次被摸摸头的机会。很可惜，等到的多半是更多的伤害。

第一章 当年的孩子有些苦涩

有个二十岁的女儿，为了逃离母亲而在国外住了七年。后来人虽回来了，压力却愈来愈大。单亲家庭长大的她除了母亲之外，还有母亲娘家的亲人，他们非常和善，于是她回国后就暂与外婆同住。

接近年底，她在治疗室里焦虑地问我："要过年了，好烦，要怎么和她们过年？要怎么和母亲相处？"

人回来了，却无法脱离母女关系，关系不是登报就能作废的，想躲也无法彻底躲掉，唯有硬着头皮面对，在治疗室里与心理师一起找出解决之道。

她的压力有些来自周遭亲人的劝说与责难，"再怎么样，她都是你妈！"（所以就算是伤害也可以吗？）"都是一家人，有什么结是不能解的？"（该怎么解？这死结可是母亲自己打上的！）"过年就是团聚的日子，有什么事，等过完年再说。"（标准的亲情勒索！）

她无法解释，无法为自己辩驳，母亲娘家人对她的既定印象早已形成：这是个叛逆的、不懂事的、交到坏朋友的女儿。

她身处家族之中却没有感受到家人的爱。她学会了表面顺从地应付亲友，试着当个没有太多声音的晚辈。

我每每听到大婶婆、二叔公、舅妈、姨婆之类的建议，总是很恼火："你们和我家人住在一起吗？你们所说的那个亲人，你们有多了解他？你们自称从小看着长大的人，实际上也可能仅止于逢年过节寒暄的程度，而那个人长大成为家长后的样貌，你们又知道多少？"

从小，我老是被母亲责备是个"六亲不认"的人，因为我不会主动向来访的亲戚打招呼，嘴巴不甜，不讨人喜欢；现在的我心里清楚，我小时候那个样子，是因为父母与亲戚有复杂冲突的缘故，并非我与生俱来对他们有敌意而给他们脸色看。

所以我能理解上述个案的苦，若非自己感同身受，如何能够那么理解个案的痛？别想用长幼有序、那些"应该与必须"来捆绑、套牢我。治疗中我也不断提醒自己，我现在为个案所做的，到底是不是个案想要的。

唯有直视自己过去的经历，并用现在成熟的心智来抚慰自己，才有机会公平地看待自己，完成疗伤。更重要的是，我得通过这样的仪式来认清自己想成为怎样的母亲。

无法摆脱的命运，无法挑选的家人

2011年母亲去世前，我就开始在脑中酝酿，想写母女关系这一题材的动机一天比一天强。虽然因为出版行业不甚景气，我几乎发誓封笔不写了，然而脑袋里的东西愈来愈多，多到几乎要溢出。当时母亲已经移至安宁病房，随时会走，今生的爱恨情仇即将画下句点，我与她的关系非回顾不可。即使到

第一章 ♥ 当年的孩子有些苦涩

现在，我生活中仍处处有与母亲互动留下的影子。

如果对关系的满意分数可以从零打到一百分，那么我与母亲的关系肯定不及格。不是谁没努力没考好的缘故，而很可能是我与母亲都跑错了教室、考错了科目，我们两个缘分浅薄。

我们的母女关系不和谐也不快乐，顶多就是相安无事、互不干涉，不住在一起比住在一起好。有些人跟我不一样，也有些人跟我一样，所以我的这本书想写给跟我有相同感觉的"有些人"——那些现在受伤或曾经受伤的小女儿与老女儿。我们曾经努力想接近自己的母亲，却一再受伤与失望。我们彼此的频道永远对不上，雷达的探测器永远侦测不到她真正想要的是什么。我们是永远无法相交的两条平行线。

这样的书写，从社会观感上，我应该很不孝、超不孝，母亲已经不在了，还在背后说闲话，甚至公审自己的母亲……当然，我不期待所有人可以理解，写这个题材本来就不是为了讨好谁。在网上抛出想听听大家的母女故事的邀请，竟收到周遭女儿们的积极回应，她们纷纷私信我："采访我吧！采访我吧！我的母女故事超精彩！"

原来，有这么多的女儿想说；原来，我并不孤单。光是身边朋友（还不论个案呢），就有那么多共鸣，原来不是只有在精神科才会遇到不快乐的女儿们。

永远不信邪的我，对那个无法摆脱、称之为"命运"的东西,是嗤之以鼻的。

要摆脱过往得先经过淬炼,不管发生了什么,我都相信人有自救与复原的力量。几乎所有的心理学家,不管是荣格还是奥波特(Allport),都相信人的内在能生成改变力量。那个称之为"自我"的东西,会产生心理能量,帮你找到最好的出路。

无法不在乎的母女关系

人为什么偏偏要那么在乎与母亲的关系,即使相隔天南地北,仍旧摆脱不了?

有时候我会问有这样困境的个案:"你妈早就不和你住一起了,你一年也看不到你妈几次。"或者问她:"你妈不是去世好多年了吗?"

这么问,通常会看到对方很空洞、茫然的眼神,她们也说不清为什么。那些未处理完的情绪会持续发酵,在人最脆弱的时刻变成症状,影响自己的健康。

其实我自己是知道答案的,那就是距离再远,也无法不在乎。现在的她们仍旧停留在过去,渴望被注意,还在期待母亲现在可以变得不同,还记得过去难过、心痛的感觉(而且还在累积),并预期这样的感觉会继续——因为,她们还在等着被理解、被抚慰与被关爱。如果这个期待没有得到满足，她们会一直等。

那是什么情绪影响了健康？那不是纯粹的恨，说"恨"太肤浅了，不如说那是混合了迷惑、不安、生气和失望的情绪。

我在给个案治疗时，必须给女儿们足够多的时间，让她们宣泄情绪，之后就必须残忍地直说："你妈只会愈来愈老，要改变，不可能了，那你还在等什么？只有你自己，才能为自己做点什么啊。"

一个有两个孩子的妈妈前来晤谈。非常爱孩子的她，却一直质疑自己是否爱孩子。谈了几次之后，我很确定她真的十分爱孩子，只是她不认为自己有爱的能力，她认为自己只是做了该做的事而已。

无法肯定自己的付出，是因为当年自己没有被爱的感觉，所以对于现在的自己是否有爱孩子的能力十分怀疑。追根究底，她的母亲从小对身为长女的她不假辞色（我在访谈中遇上好多位长女，可怜的长女啊）。她告诉我："小时候我从来都不敢让同学来家里玩，我不想让同学看到我妈的样子，她不是那种会招待我同学的母亲……"

母亲如何对待她的，她无法细细描述，生怕多说一些就有大逆不道的罪恶感。她从来没有跟母亲一起玩过、印象中没有牵过母亲的手，她在治疗室里只说出了这么一点点。

因为忙碌的母亲在她的成长过程中是缺席的，原本该从母亲身上学到的，现在她只好东学一点、西学一点，有模有样地当起了两个孩子的母亲，但其实自己心虚得要命。

"我好怕变成她。当我生气的时候，我很怕变成她的样子。"

于是她不知道当孩子不乖时，自己是否该生气责备她？生气的反应是对的吗？母亲生气是正常的吗？怎样的生气是被允许的？

在当母亲这件事情上她没有自信，无法理直气壮地教养孩子，只因为太害怕重蹈覆辙。而我，只需要不断地增强她的信心，让她看到自己用心经营的新母女关系是如此美好，她是如此努力的母亲，绝对不会跟她自己的母亲一样。

2　母亲"应该"是慈爱的吗？

为什么有冲突的母女关系常常是所有关系中的原子弹，影响又大又深远？

血缘关系≠天然的爱

关系不是理所当然的，无法凭单方努力就能经营好。

亲子关系不一定是天生的，因为父母不是天生的父母。不是所有的人在当了父母之后，就可以自然而然有父母的样子。有些父母终其一生都无法让子女满意；相对地，子女也非被动接受安排，子女也不一定长成父母期待的样子。只因为父母是"始作俑者"，所以记在父母的账上多一些，这也是无可奈何的不公平。

很令人吃惊吧。看起来理所当然的东西，细想之后就不再那么"应该"了：家庭应该温暖，父母应该关心子女，年长者应该有智慧，子女应该孝顺，等等。实际上，被这些"应该"所摆布的人的确不少，怀抱期待的下场，当然就是失望了。

如果你很幸运地拥有这些"应该"，绝对要感恩，因为有太多太多人不曾拥有过。

期待父母真真实实的拥抱、亲吻、抚摸脸颊、用手温柔地梳理自己的头发，真实地感受到父母的爱，但有些父母就是做不出这么亲密的动作，以为只要满足子女吃饱穿暖这些功能性目的，就一定能得到子女的感激，也要求子女功能性地回报，例如该达成的学业成就。

"应该"是个危险的概念，如果你举得出无数个慈爱母亲的例子，我就同样举得出无数个不慈爱母亲的例子：

・把女儿当成对前夫泄愤对象的母亲。（只因女儿长得太像爸爸。）

・从来不准备三餐而忙着唱歌、打牌的母亲。

・没有任何理由经常对孩子拳脚相向、口不择言的母亲。

・原来是慈爱尽责的母亲，一听到女儿是同性恋后就把女儿赶出家门，连过年都不让回。

第一章 ♦ 当年的孩子有些苦涩

· 更多更多无法想象的失能、失职、失控的母亲。

这些不是只在精神科看到，更多惊人的例子是来自身边朋友的故事、看似正常无风无浪的家庭。反省这些，不把"应该"当应该，我们这些身为子女以及未来父母的人，才能谨慎扮演好每一天的角色。

我的母亲和她自己的母亲相比，已经相当尽责地照顾孩子了，只是顽固的母亲无法接近和她同样顽固的女儿。我外婆生了三男四女，母亲是长女，从小就砍柴、生火、烧饭，背上一定背着一个襁褓中的弟弟或妹妹（这些故事我都听到耳朵长茧了，母亲讲述时还搭配了怨怼的语气），从我有记忆以来，我的外婆就已经不太搭理女儿、活在自己的世界里了，她的眼睛里也只容得下舅舅们。

记忆中的外婆几乎没有关心过女儿。我只短暂地和外婆相处过半年，那是她从中部北上要来常住舅舅家之间的过渡时期。她很好照顾，每天像个幽灵，几乎不说什么话，但吃饭时间快到了时会提醒我，她肚子饿了要吃饭。她的肚子跟时钟一样准，午饭时间都固定在十一点半。

每日的餐食都是我母亲准备的，外婆很少肯定或感谢。但有一次因故让我弟弟为她盛了碗饭、夹了菜，那几天外婆夸赞弟弟的话语让我直起鸡皮疙瘩："阿弟你真乖、你好乖、好孝顺、好棒……"

外孙偶一为之的帮忙，外婆竟然可以感激到有如天赐，较之她对每天细心准备餐食的女儿的冷漠态度，有如天差地别。将女儿的付出视为理所当然，将外孙的举手之劳则视为天大的恩惠，我怎么也想不通这两者为什么可以差这么多！

我当了母亲之后，开始慢慢了解母亲对于她母亲的心情——被要求，被忽略，但同时又受僵化礼教束缚，哀怨自己欠栽培，却又复制了重男轻女的思维。我让自己理解这一切——己所不欲，勿施于小孩。

我们的故事也是你的故事

除了自己与个案的故事，我也征求身边人的母女故事，我想听更多在治疗室外芸芸众生的爱恨情仇。这些故事不该被遗忘，应该被整理、被看见，让人们了解类似的经验会有怎样的伤，会有怎样的力量。

这些故事中以我的为主轴（毕竟是自己强烈想说的事，就容我老王卖瓜一番），也有其他人的故事，但又不限于门诊个案的故事；我希望这些故事有某种均衡性，可以包容许多不同样貌的母女关系。最方便的征求渠道就是"脸书"（Facebook）。"脸书"提供了距离安全又能自在说话的空间。

第一章 ♥ 当年的孩子有些苦涩

对许多不曾见过面的网友来说，在"脸书"上说说话可以很畅快，但要线下见面说心情，就考验我与网友的交情与其个人的勇气了。虽然"脸书"上有许多朋友是同业或学弟学妹，但我这个人也爱结交各门各派，所以朋友的朋友也是不错的选择。我在 2013 年 10 月于"脸书"贴出这样的告示：

> 征求说自己母女故事的对象。鄙人需要采访对象，没有酬劳，只有刘老师的热情拥抱。时间：爱讲多久就讲多久。出版后奉送书一本及作者签名（要照片、亲吻都可以），拜托大家啰！

我还稍稍陈述了采访的重点是对母女关系问题的省思，以及如何找到改变的力量等。结果许多"脸书"的伙伴用私信联络我，表达他们非常想说的意愿，而且愿意立刻配合我。我很讶异，这样的题材能够挑起许多人内心的波涛，不吐不快，也很感谢这些朋友的信任（因为有些人我根本不熟），在适度的匿名保护之下很珍惜地呈现这些故事。

阿孺小姐，我的第一个受访者，她想说自己故事的动机很强烈。她非常想说，但还找不到所谓正当的理由："我想搞清楚自己的定位……我很不了解自己的情绪……"这一切是否与她纠结的母女关系有关联？

母爱的伤，也有疗愈力量

我们只是"脸书"上打招呼的朋友的朋友，之前连面都没见过，但她一看到我贴出告示征求故事的受访者时，就自告奋勇地第一个报了名。因为只想面访不想电访，我们在有些尴尬的情况下见了面。连客套话都来不及寒暄，她就滔滔不绝说了两个小时还欲罢不能，足以见得这记忆放在她脑中最容易提取的位置，连搜寻都用不着。其余受访者的状况亦类似，不必引导、不必客套，坐下来连一口咖啡都来不及喝就侃侃而谈。

直到母亲离去，我仍在不断省思：陈述和母亲的关系，到底是为了疗伤，还是为了让自己理解她、谅解她，放下我多年来的纠结情绪？

我想，这些情绪若不释放出来，就没办法发现其中的负面能量是如何干扰我的生活的。它虽不至像气球"砰"的一声炸开，但这里面产生的有毒气体可能在吞蚀我的健康，尤其在发现母亲患癌的那年，我巧合地发现自己亦患癌。

母亲在2009年2月诊断出肺腺癌，我则在同年7月份自我检查时摸到胸部硬块，经检查发现是乳腺癌。这绝对不是巧合二字可简单解释的。从远的来看，我想要检视这些年来我与母亲纠结的关系；从近的来看，则是生病这件事对我俩的考验与意义。

我想试着"放下"吗？我认为这谈不上什么放下，既然要写出来就没有放下这件事，这境界也非我这个凡人所能超脱

第一章 ♥ 当年的孩子有些苦涩

的。如何解开母女关系中的束缚以得到自由?我想要陈述自己母女关系的经验与省思,并提供身边一些人(个案、朋友等)的体会与经验。

既然这题目酝酿那么久,写完后必然"获得"了什么。我简单而具体的期待是,即使母亲已然不在,我不会在黑暗中偶尔感到害怕(害怕她责备我的魂魄出现),不再有心痛的感觉。

对一个念了八年学院派心理学、进而在医疗机构当临床心理师的人来说,表面上冠冕堂皇的理由必定是帮助别人,但在那之前必定有些更内在的理由,驱使自己自省、内观,并加以整理,借由心理学找到某些解释来帮助自己。

所以,让我来说说故事吧,希望我及我们的故事可以让你有体会与收获。也感谢给我故事的人,没有你们,我的书就无法这么精彩。

3 当无法靠近母亲时

童年的不愉快回忆——无法满足的需求

我的出生排行,是心理学家眼中最倒霉的位置。

心理学家阿德勒认为,人在被家庭、社会塑成之前,会有关于社会或生理条件上的弱势,而人若是逐渐想办法超越或克服,那么就会有较健康的人格。而关于出生排行如何影响人的发展,则是阿德勒最为人知的研究之一。

老大得到父母较多关注与期待,童年即拥有较多的照片,是比较符合社会期待成为成功人士的那个子女;至于老二(或夹在中间的孩子),则被忽略,他们总想用不同的方式吸引父母注意,不走和老大相同的路子;至于老幺,常常是骄纵的子女、父母的宠爱对象。

(你心里有没有声音在说:"哇,为什么这么准?")

第一章 ♥ 当年的孩子有些苦涩

阿德勒的论述让我对自己身为老二这个烂排行有了怪罪的借口——对！家里小孩中童年照片最少的就是我，即使里面有我，旁边一定站着姐姐或弟弟。独照甚至襁褓中的照片，我则从来没发现过。

说什么手心手背都是肉，不如说人心是偏左偏右的，怎么都不会公平。

我在成长过程中的确受到最少的关爱，让我觉得自己像个养女。长大偶尔抱怨一番时，母亲或姐姐虽然想否认，但却无法反驳我（别忘了好辩也是老二求生存的本事）。有一次翻阅旧照片时，我说："看吧，就是我没有独照。"姐姐说："哪有那么夸张！"我说："不然你找找啊，看能不能找到一张。"结果当然没找到。

母亲无法否认，姐姐和弟弟会有大品牌的高级新衣，而我只能穿姐姐的旧衣或者是过年时母亲自裁的衣服。

更伤人的是，我年纪还小时，有一次舅舅在我面前搂着姐姐，看着我说："我最喜欢的就是姐姐！"大人可能只是在开玩笑，但我一点都不觉得好笑。

我很清楚这样的小康家庭在得到一个长女之后，期待下一个会是男孩，但结果还是个女孩。四年后我的弟弟终于出生，于是我夹在中间，经历了许多老大与老幺无法体会的苦涩。

年轻时的母亲对我极不耐烦，她希望我留一头像洋娃娃般的美丽长发，却又对每日上学前的梳妆打理感到不耐烦。我最害怕的就是在早上在母亲"快一点""怎么都梳不开"的吆喝声中，被抓扯着头发梳辫子，这让我长大后对留长发这件事一点都不留恋。

不敢要玩具，不记得自己有过什么洋娃娃（关于这一点，和我很要好的老姐坚称没这回事，但又说不出我曾经有过什么玩具；如果有，那一定是和她一起玩的）。

这是身为老二的我所面对的现实。每当考试考得好时，只要听到父母发出"嗯"的赞同声，似乎也就够了。但这个假平衡状态很快就被弟弟打破。大概是他低年级的时候，父亲为了鼓励他取得好成绩，主动表示："只要你考前几名，我就给你买自行车。"结果根本还没等到成绩出来，家里客厅中就摆着一辆亮眼的捷安特，摆明了不管他是第几名都会有礼物。这对大他四岁的二姐来说无疑是个重大的打击。此外，三十多年前家用计算机还不普遍，磁碟槽还是用录音带式的卡匣时，家里就有一台宏碁 Dos 系统的"小博士"。当然，这不是给我的。

钱是父亲花的，可是极度节俭的母亲并没有埋怨，甚至还喜滋滋地看着小屁孩老弟（他们捧在手心像珠宝一样的孩子）试玩。

父母并没有明讲这些都是老弟的专属，我不能碰，那是一种默契，因为买给老弟玩是主要目的，我也就识趣加赌气地碰也不想碰。为什么要碰？又没说是买给我的。自行车也一样，没有礼物至少我有骨气，所以我都不屑于去骑。

还是小屁孩的老弟哪里懂得什么计算机，玩玩游戏还差不多，顺便满足一下老爸偶尔想买奢侈品的欲望。

我得不到那样昂贵的礼物，心里羡慕着，当然也盘算着自己怎么做才能得到。时间记不清了，我只记得小学还是中学时曾要求父亲买过几次书，并不是我多喜欢书，而是我知道重视读书的父亲绝对不会拒绝我买书的请求。

第一次是小学三年级或四年级，我跟父亲说想要一本动植物的百科全书。父亲果然使命必达，当天就买了回来，是一本有点薄、有些袖珍的《动植物常识》。我记得自己还蛮喜欢的，内容是当时觉得很有趣的冷知识。父亲还多买了一本杨唤诗集《水果们的晚会》，我把书都读烂、翻烂了。中学时的课本中收有琦君的文章，我因为和她名字里同样都有"琦"字而觉得亲切，读了她的散文小品也喜欢，有一天在报纸上看到琦君出了新书《灯景旧情怀》，就把那一页报纸剪下来拿给父亲央求他买，第二天下班他就带回来给我了。

是新书啊，新书的味道好好闻。我很喜欢闻纸张的味道，总是把头埋在新书里深呼吸，感觉细胞都舒服得张开了。

在书中建立起这样的安全感，足够我受用一辈子吧。日后我有许多机会埋首书堆，书带给我的满足感，父亲带给我的满足感，是这样真实存在的记忆。即使计算机与书的金钱价值差那么多，但书确确实实是我的，所以书在我心里珍贵得多。但对于母亲，我却没有这样的记忆，那个常对我说"不"、很少说"是"的母亲。

常说"不"的母亲

母亲很少对我说"是"，印象中多是"不"：看这个电视，不准；跟那个同学出去，不准；吃零食，不准；看漫画，不准，通通不准……但是所有不准我做的事情，我也并不乖巧顺从，有时会偷偷去做。

我不懂她为何非得对我如此，她也认为我是那个意见最多、最爱顶嘴、最桀骜不驯的小孩。

常说"不"的母亲，自然会有不服气的孩子。如果要用掌控孩子来展现做母亲的权威，那么"爱"该用什么方式展现？在晤谈中我见到说"不"的母亲时，总是想跟她们说，如果对孩子说"不"没有效，为何还要继续说？明明是无效的教养方式，为何还要紧抓不放？

我人生中最早的不满足感，来自小学毕业后的毕业旅行。

当时的毕业旅行是补习班赞助的，只要报名参加补习的人就可以免费参加。母亲并没有让我补习，所以我也没办法去毕业旅行，但我可管不了那么多，要好的同学都去，我怎么可以不去？

小学毕业没参加毕业旅行，根本就不完整，我心里会少掉很重要的一块，可是她不管。

记得当时毕业旅行是包车去东北角一日游，我一大早就醒了，估量着同学们正准备快快乐乐出发去玩，心中觉得委屈，便下定决心今天就是要哭给母亲看。我知道母亲的强悍，说也没有用，所以只好用眼泪表达我的抗议。我坐在走廊地板上一直哭，无论母亲跟我说什么都不回应、不理会，到了中午其实有点累，那眼泪就带着不爽的成分："都是你害我哭得那么累！"

过了中午十二点，母亲终于受不了，赌气似的说："你想去就去好了！"我终于得到母亲的同意了，抗议终于得到了回应。但，我要如何自己坐车去东北角？她的意思是让我去，不表示要带我去，这话说了等于没说，而且等我赶过去时大家早就散了。我很生气地回嘴："现在去有什么用？"母亲不再说什么，而我哭得更伤心了。

我认为她不重视我的需求，她不知道毕业旅行对于我有多重要，我不了解她到底是没有余钱让我去补习，或者是当时觉得我不该补习，还是根本就没想要我补习，而老弟在中低年级就补习了珠心算与英文。

有一次我听见母亲和隔壁邻居瞎聊。邻居说女孩儿学钢琴多好、多有气质，等等。母亲被说得心动了，很少顾及我想法的她突然问我："要不要学钢琴？"那时的我都要升中学了，没好气地回说："我接下来哪有时间练琴？"我认为自己的想法很实际，也对没去毕业旅行一事怀恨在心：母亲宁愿被隔壁邻居说服，也不愿意满足我的需求；需求比不上虚荣，家里好像也并不那么缺学才艺的钱。

我在小学唯一学过的才艺是作文与书法。这两种都是我当时三年级的班主任主动想教我，完全免费，因为我那时在作文比赛中"不小心"得了第一名，他觉得我有资质，想栽培我，既然作文都教了，书法就顺便也教了。于是我足足写了三年的书法和日记，直到毕业。

每周日我都得去老师家写作文，每周都要交大楷小楷数张。虽然有些辛苦，但我还是乖乖地做，毕竟被重视的感觉真的很不错。到最后是母亲不好意思，想要意思意思，给老师学费，于是嘱咐我拿给老师。我记得老师终究没有收，因为教了那么久都没收，没道理要收这一次。

这些事让我知道，在说"不"之前必须直视孩子的需求。若一次又一次地忽略孩子，孩子只会对父母的残忍心冷。

4 供需不平衡的爱,一切自己来

依能力做自己想做的事,并对自己的决定负责,只因无法与人商量。虽然童年时没有太多力量与选择权,但从这段经验中学到不依赖,靠自己得到成果也最美。

许多心理学治疗学派都强调童年的重要,讨论童年经验、依附关系,过去重要,但是此刻活着更重要,我们该把焦点放在自己是靠什么力量活着,未来要如何变得更好上。

我在临床工作中常常遇到有童年创伤的个案。回忆过去并非治疗的主要工作。如果必须谈论创伤内容,必定是个案准备好想谈,并且想以现在的状态去谈,以赋予新意义,而非回到过去退缩的状态去老调重弹。当然,我也会遇到正在经历创伤的青少年,他们内心的伤口还在淌血,他们家庭内部的问题我一概没有办法改变什么,那么我只能陪他们走过这一段,就算受伤也可以好得快，相信自己仍旧有力量。

还好，个性使然，童年的我很快就将注意力转向外面的世界，外面的世界也没让我失望，有许多事物能让我产生好奇与兴趣，暂时把无解的家庭难题丢在一边。

关系放一边，自我摆中间：属于我的叛逆

渐渐地，母亲的话无法对我产生影响力。看着念小学的弟弟备受宠爱，不被注意的我就按着自己的喜好任性行事，一度沉迷于漫画与港剧，和姐姐去追星，沉溺在剧情里面不可自拔，幻想自己是其中的主角。功课一度差到最低点，中学毕业时有四科不及格，拿到那张红红蓝蓝的成绩单时我并没太大感觉。很奇特的是，我也没因为功课不好而被父母责难，想是因为当时太瘦之故，身高已有1.62米，但体重却不到40公斤，离厌食症的标准亦不远。这样的纸片人身材任谁也不敢苛责。我记得父母每每看到我的成绩单也只能叹气，考高中时所有的公立高中我都考不上，私立高中更不用说。我的成绩只能上私立五专，但自己没有资格耗费这么昂贵的学费，于是我选择了公立高职。

直到高职快毕业，我想为自己读书时，我才开始拼命起来。我和父亲讨论之后很快达成共识，大学学历的父亲当然支

第一章 ♥ 当年的孩子有些苦涩

持我去南阳街补习一年,很干脆地付了一年学费,而我也想进梦想中的大学,在众多科系中悠游。所以我把那一年当三年用,非常辛苦,终于考取了辅仁大学。

进了大学才是我火力全开、探索自我价值的时候。虽然人在文学院,但喜欢的科系我都会设法去旁听,教授多半不拒绝甚至非常欢迎:我到设计学院上商业设计,到传播学院看电影,也到心理学系旁听,听到后来都被误认为转学生了。社团、联谊也一样不少。现在想想,我也算充分利用这所学费很贵的大学的资源了。

母亲永远搞不清楚我念的科系,现在到底在做什么工作。我没办法跟她说正在念什么书、搞什么社团,因为她不会主动问我,而我认为她没有听的兴趣。在一次母女争执中她说出了"你就是瞧不起我"之后,我惊觉自己背负着"瞧不起母亲"的不孝罪名,无法解释也解释不清。当时年轻说不清楚,长大之后就更无法说清楚了。

当我被母亲责难时,也一度以为自己忤逆了母亲。直到我的女儿也开始进入青春期,我从她身上仿佛看到那时的我:没什么事也摆个臭脸,对母亲的询问爱理不理的。我才知道青少年在这个阶段几乎都是那个德行(青少年发展心理学书上也这么说),他们只是试着当自己的主人,还在学如何拿捏尺寸。我那情感脆弱的母亲,无法接受一个女儿的叛逆行径。

父母们很难觉察自己的情绪状态深深影响了孩子，他们以沟通为名，行训话之实。

我的受访者铁男，这样回忆他的青少年时期。一直以来当他母亲训话时，他只能乖乖地坐着听，因为母亲说"要和他沟通"，他无法离开不去听（这么多年来，他一直扮演着乖儿子的角色）。所以他会耗去至少两三个小时，听他母亲没完没了地翻旧账、东扯西扯。

因为无法沟通，他在某次严重冲突后赌气搬出去住。他说，其实是很莫名其妙的冲突。本来有了新工作，他需要搬出去住，家人也都知道。某天母亲问他："你不是要搬家吗？什么时候搬？你不说我们怎么知道如何帮你搬？"铁男很讶异："我没有要你们帮啊，我自己搬就可以了。"这下可好，这个小涟漪马上激荡成海啸，变成万丈波澜，成为信任与否的重要议题。母亲指控他不尊重她，不在乎这个家。一气之下他离开了家，已经两个月没回去过。"这僵局迟早要打破的"，铁男这样认为，他不是不想回家，但好歹要争取自己的空间与自由。

父母因为与孩子无法交流而无可奈何，又急切地以沟通为名，以为自己把话说得够清楚，孩子就会了解，反倒把孩子愈推愈远；而年轻时的我们以自我为中心，只看得到自己的伤口，看不到这个家背后还有庞大的家族系统在拉扯，也看不到家庭以外其他生活、工作上的磨难。"家人"这两个字,太沉重。

独立后,自己更自由

现在的我,反倒是家中很强悍的那个。花了许多年摸索自己想走的路,虽然过程很辛苦,无法让家人充分了解甚至误解,却训练自己变得坚强;而家人或母亲也看到我一路上的坚持,在感情或工作上终究累积了一些成果,言语上也有所接纳。

以前被认为"什么都不懂"、地位不太重要的次女,现在总算有了举足轻重的地位:在医疗知识或资源上占有专业的优势,给母亲一些医疗建议时她大致也欣然接受。她开始做化疗时心情很紧张,我为她安排了自己所在医院的相关检查,办理住院,每次就医时也几乎随侍在旁。我不是为了证明自己的能力什么的,而仅为了尽做女儿的义务。没有同住在一个屋檐下也让我在情绪上得到了隔离与保护。

至于当年讨厌的"眼中钉"——弟弟呢?奇妙的是长大后我们的感情反而很好,以前因为他像个王储般身份特殊,我早早就在外头营造属于自己的小小世界,离他远远的,所以他虽然受尽宠爱,但似乎也寂寞(因为我并不想跟他玩)。而我基于部分的罪恶感，对长辈重男轻女的怨怼不至于波及他。

相较于当了很多年学生的我，弟弟大学毕业后就开始工作，赚得比老姐多，大学时暑假也兼职在工地打工。有一次应该是我生日前夕吧，弟弟挺大方地给了当时很穷、正在念研究生的我一千块钱。我很惊喜，还说："喂，这是零用钱哦。谢谢，我可不会还你。"那是他第一次给我钱，我很开心地收下，觉得这家伙不错，挺上道的。

我们手足之间可以平行、独立地各自经营生活，也能在想相聚的时候自在地见面，彼此没有谁欠谁、谁比谁好的负担。也许是因为我们一起看见了互相捆绑与伤害的坏处，并极力避免让我们自己变成那样。

我总觉得小时候的事记起来的不多，记得起来的多半不快乐。

有了小孩之后，我常端详着小孩的脸蛋。周遭的长辈亲友都说两个孩子极像小时候的我，但我觉得姐妹俩并不相像，所以我努力从她们粉嫩的小脸蛋想象自己小时候的样子：老大的某个角度像我，老二的某个表情像我……我常凝视着她们，心中十分满足，看也看不腻。

为了极力避免出生排行对她们的影响，我尽量做到公平，答应过的事必须做到。手心手背虽都是肉，然而五根手指也长短不一，总有偏袒之心。有时大人自以为公平，但小孩心中可不这么想。"妈妈你不是答应过我要……"记忆力超强的小孩总会提醒我。最好的方式是设法弥补，而不是欲盖弥彰。

我也学到了，在能力范围内满足她们，若能力不够时则会坦诚相告。在女儿还年幼时，偶尔全家去度假，她会因为只能在饭店住一晚而撒泼："我不要回家，我要继续住饭店！"我总会据实以告："你老妈的钱只够住一晚，不够住两晚，所以要努力工作，下次才能出去玩。你也要努力上学，只有努力的人才可以出去玩。"小孩也就似懂非懂地点头。我不想因为"假设"小孩不会懂而压抑自己不去表达，在孩子心中被误解为凶老妈，结果造成紧张的母女关系。

这一切还在学习中。

我努力支持她们，建立她们的安全感。有了坚实的情感基础做后盾才不害怕去探索，这是我从童年种种经验中收获的心得，希望她们未来可以走得比我更稳，在做决定的过程中不必刻意挑战谁，也不必刻意讨好谁，做自己真正的主人。

5　母亲的伤害该如何终止？

本来这一节的标题是"母爱的伤害该如何终止",后来想想,这故事里没感受到爱啊,谁说养育关系里一定会内含爱的?这是个看来好像很惊人,但其实并不意外的结果,值得我们打破迷思好好地想。我们需要花许多年的时间才能渐渐接受"母亲爱其他家人更甚于爱我,母亲甚至不爱我"这个事实,然后才不会再受伤。以下是阿孺的故事。

被体罚的自己,以后绝不打小孩:阿孺的故事

阿孺小姐36岁,她描述自己的故事是"努力逃出家庭若干年之后,又努力地从外面逃回家里",她现在仍旧和母亲住。

我喜欢听她说话。她表情生动,眼神坚定,对要做的事

第一章 ♥ 当年的孩子有些苦涩

情很执着,不会想太多,一心要完成目标。她有时觉得自己很傻,对自己这样的特质有着"不知是好是坏"的疑惑,但仍旧朝向自己想要的日子努力。

阿孺的父亲出生于家境富裕的城市家庭(祖父有两个妻子),十分有钱的家境养成父辈挥霍的个性。就算过得再潦倒,父亲这辈子不曾做过他人的员工。他不断地投资,开公司做生意,倒闭,再做新投资。母亲则来自受父母宠爱的小城市家庭。两人同年,二十岁出头结婚。当阿孺出生时家道已中落,开自助餐厅营生。母亲住在婆家并为夫家生意帮忙,父亲则到处躲债,偶尔才回家。

两个不约而同被过度呵护的温室品种,摆在一起意外合拍,一开始过了几年舒服生活,也滋养了两人因相亲而来不及培养的爱情。就像偶像剧般,小两口过得无忧无虑。可惜偶像剧就是偶像剧,集数过短,以致人不易醒,两人一个忙着做自己能力根本不及的大梦,另一个则仍在做着偶像剧的爱情美梦,在生活的柴米油盐中还学不会独立长大。两人都扛不起该负担的角色责任,子女受苦。

阿孺回忆:"父亲不常出现,但一出现在家里时母亲就会很高兴,全家人会一起出去玩、吃饭。我到小学三年级以后才明白,父亲回家是向母亲拿钱的。"

母爱的伤，也有疗愈力量

母亲在努力工作填满父亲债务黑洞的同时，婴幼儿期的阿孺则被放在外祖母家中照顾，满足基本的吃喝拉撒。她最早的影像记忆是，自己大部分时间被放在床上，侧脸横看这个世界，眼前隔了一座棉被山。外祖父母没有心思费心建立教养规则，阿孺饿了就吃，想吃就吃，零食也不例外，像宠物般被豢养着。

一些懵懵懂懂的感觉没办法被具体化，日后发生的伤害也让她措手不及，她不能在最短的时间做出反应，吃足了苦头。她的语言能力也发展得晚，这也是我在门诊观察到的隔代教养常有的问题，孩子的需求在没有节制下被满足，没有被约束与教导，缺乏足够的学习刺激，以至于看起来比同年龄的孩子发育迟缓。

直到小学时被母亲接回照顾，并对她展开前所未有的震撼教育：母亲工作很忙，容不得她有一丁点拖延。那时她才知道吃饭要按照三餐时间来吃。只要妈妈给的一碗饭吃不完、吃太慢，马上就是一巴掌，罚跪也是常有的事。

落差极大，一点缓冲都没有。就像原来被圈养的动物，一下子就被要求学会马戏团的把戏，按说至少要给点训练时间吧。

那是需要建立生活规则的时期，母亲只是一味处罚，不满意就一顿打，并没有跟她说明为什么要做这些事，为什么上学

第一章 ❤ 当年的孩子有些苦涩

要带书包、为什么打钟就要进教室、为什么要跟大家一样……母亲是用打来建立规则的。

看来当时的母亲早就出现了问题，完全不能站在孩子的立场。那是作为母亲稍加留意就能办到的事，除非她已经失去了做母亲的心情。

母亲没有余暇，也没有心情和后来住在一起的女儿培养感情。她有属于自己的情绪包袱，也许把打骂当成另一种发泄，她常责备阿孺为何其他孩子做得到、就她做不到。可怜阿孺有太多的不理解，只能选择最安全的方式，变成安静、被动、不吭声的小孩。

糟糕的是，那个年代小学老师会打人，体罚观念仍盛行。

被体罚的孩子是什么心情，我这个也被过度体罚的小孩很清楚，直到年纪很大了还会记着这事儿，而且怀恨在心。例如我还记得把我的头按进水桶里喝水的低年级班主任叫什么名字。

老师以"家长应该教过孩子"的标准要求孩子，并不考虑"其实也有不教孩子的家长"，于是阿孺在学校也常被打，因为写字的笔画顺序不对、难以管教而被贴上"坏学生"标签。没有人教她怎样与同学相处，如何学习孩子世界的游戏规则，所以她只和书本人物对话。"放学后我就去爸爸他们家开的自助餐厅吃饭，妈妈虽然在那边工作但没空理我，我就自己去舀饭舀菜来吃，吃完就在店里等，等到打烊了再和妈妈一起回家。大部分时间我会跑到隔壁的书店站着看书，什么书都看。我小学三年级时就看完了金庸全集，书店老板娘的脸色很难看，不过也没办法。"

父亲一年至少有六个月不在家，忙于他那好高骛远的幽灵事业。"我爸还去参选过民意代表，夸张吧，那钱大概也是跟我母亲拿的吧。"她记得母亲经常在晚上十一二点时打电话到处找爸爸，在电话中又哭、又骂、又求的。

学习：有的家人爱其他家人更甚于自己，得认清这个事实才不会再受伤。

母亲很爱父亲，爱到自己在婆家狼狈地付出，不断折损，不知道什么时候该喊停，把自己榨得一滴不剩。可想而知：当你选择所谓无悔地付出时，因为你甘愿，所以别人压榨你不会有任何罪恶感。母亲后来脱离了婆家自己另找工作，但仍旧填不满父亲的欲望黑洞，父亲欠的债愈来愈多。阿孺在高中时意识到金钱的重要性："我一念高中母亲就要我打工，连工作都帮我找好了，她告诉我，'谁叫你是我女儿，你就必须赚钱养家'。我没有选择，白天当银行小妹，薪水两万多，晚上上课。钱全给我妈，我每月只领一千块。"

对母亲来说，父亲这个家人是更重要的存在，母亲忘了还有其他家人。只要父亲快乐，她就会快乐。

除了向阿孺索要金钱之外，母亲对她似乎没有更多关爱，她觉得母亲对父亲的爱超过母亲对自己小孩的爱。幸而阿孺开始受到老师思想上的启蒙，想出国留学的心愈来愈强烈，她开始为自己准备，有时逃学去打工，打更多的工，拼了命地赚钱。只要编得出理由，母亲也无暇多问。

我很庆幸阿孺有逃跑的勇气，她愈来愈清楚自己想要什么。

临毕业前她偷偷申请了德国的学校，偷学了德文，趁工作之便伪造了存款证明，连机票都订好了。若不是母亲的自私，便无法激发她生存的动力。我想，若不是她这样积极向上，哪里办得到这些？我有感于许多哀叹自己得到的不够多的孩子，只因太习惯父母给予一切，过于被宠溺，因而不懂得珍惜。

累积出走的能量：阿孺的圆梦计划

阿孺说："我讨厌爸爸那边的家族，他们像吸血鬼一样把我们家吸干。"

她一方面十分尽责地承担身为女儿的责任与义务，另一方面亟欲获得自由。高中毕业典礼前一天，她告诉了母亲接下来要出国的计划，没想到母亲竟然说她"必须尽一个女儿的责任"。她第一次与母亲大吼："为什么你不让我去？为什么不放了我？"母亲连自己都无法放过，怎么可能放开她？

她不想屈服，心想"念不成书，那我玩总可以了吧"。于是她仍旧出走，赌气似的先到美国，然后去欧洲，玩遍了当时欧洲她的签证能到的地方，直到签证到期必须回来为止。那一年她过得忙碌而快乐，一路玩一路打工。"只要能赚钱我都想试，用破英文到处去找机会。我在路边唱《茉莉花》，拿着一块'我在自助旅行请帮助我'的牌子。我帮老外取中文名字、做十字绣，这个最好赚……"她看到欧洲人的家庭互动好亲密，身体可以那么靠近，心里想原来家人是可以这样相处的。

她心底又开了一扇窗，原来人可以有那么多种可能！

回来之后她更清楚必须先抛弃家人才能得到自己，又与母亲大吵："你只顾你的老公，根本不管我需要什么！"这次的抗议终于得到一些回应，阿孺的祖母通过关系找到日本一所学费不贵的私立大学。母亲只得被动接受，勉强付了第一学期几十万台币的学费后，剩下的就靠阿孺自己。

吃苦对阿孺来说已经不是什么难事，她可以在学校吃完早餐后，接着向厨房要剩菜剩饭准备当午饭晚饭；只要和上课老师混熟一点，就向老师打听有没有打工机会。"天啊！根本就是没水也能生存的野地杂草啊！"我这样想。在日本的几年，

第一章 ♥ 当年的孩子有些苦涩

阿孺渐渐体悟到"即使是家人也不能相互了解",她想进一步探究,于是从原来的科系转到宗教学。

这和我从中文系转到心理学系有异曲同工之妙。当时的我以为自己对心理学有兴趣,其实是内心深处想找答案。

后来家门内的不堪连外人都无法负荷。当阿孺的哥哥要结婚时,快进门的大嫂开出的条件竟然是"父母必须离婚才行"。大嫂若不这么做,恐怕嫁进来没多久就得赔进去,这外人可不像家人那样愿意牺牲奉献。但善于榨取的父亲也开出条件,要一笔为数不少的钱才肯离婚。母亲在不怎么情愿的状况下被哥哥"逼着"离了婚——想要儿子娶媳妇,就必须舍弃这段可有可无的烂婚姻。

阿孺不知道父亲开价多少,她只知母亲开口跟她要三百万,说就差这三百万。我不知阿孺是怎么攒到这么多钱的,只能说人的潜力是无穷的。她很干脆地付了,当时的男友没多说什么,只是提醒她"这样做妥当吗?"于是她开始思考自己是不是给得太理所当然,她开始觉察自己是想用金钱来证明"自己是有能力的""自己是有用的女儿",想用钱来让母亲闭嘴。

归国后的她找了工作,仍旧和母亲同住,此时的她已非当年傻乎乎、只蛮干的吴下阿蒙,她知道现阶段是为着母亲的健康与身为女儿的义务而与母亲同住,想走随时能走。她是自由的,不过她无法喊母亲一声"妈",而以"林太太"或"陈小姐"代替。经历了这些,人生没有什么是放不下的。阿孺很清楚自己不想变成母亲那样,她和母亲不一样的地方是有能力逃。

现在的她,据我所知道的近况是嫁到国外去了,与先生养了很多只猫(她在"脸书"上放了太多猫的照片,实在很难搞清楚),过着平静的生活。受伤的女儿异地疗伤,成为众猫的妈,我觉得人生至此也苦尽甘来了。

6 若没有母爱,该如何长大?

家庭破碎,我该怎么办?

依照台湾地区社会福利与卫生管理部门的统计,台湾地区每十个孩子中就有一个以上来自单亲家庭。单亲家庭有许多危险因子,但这不代表非单亲家庭的孩子就过得好,更多隐性单亲的家庭看似正常,只是维持表面,因为有总胜过没有。但孩子真的是这样想的吗?

我是自己长大的:健身房先生的故事

健身房先生的童年就过得很不好(以下细节经过了处理)。他的故事和阿孺的一样,告诉我们,即使童年有缺憾,生命还是有办法找到出口。

这个28岁的年轻人是自己来精神科晤谈的。他知道自己想谈什么，第一次晤谈时就很清楚地告诉我："我想要改善我的人际关系。我觉得自己的情感经验比别人少，我想要更自在地跟别人相处。"他很封闭，很瘦，瘦到脸上的颧骨线条分明，是个帅气的大男生。这样的大男生不敢谈恋爱，当女生想靠近他时他就会躲得远远的。他抗拒建立亲密关系，担心别人太了解自己，担心对方看轻自己，担心家门内那些难堪的家事会被发现……

来晤谈时他显得很紧绷，讲话结结巴巴，不是面对陌生人紧张，而是找不到字眼拙于表达，难以说出心里的感觉。

当然，按照惯例，只要个案有长期无法解决的议题，我都得了解其原生家庭到底是怎么回事。还好，他有心理准备愿意跟我从头说起。我们有的是时间。他有点结巴地缓缓说出以下故事。

小学时他不知道什么是早餐，好赌的妈妈从来没为他准备过。他所认识的是一个经常不在家、有时会消失好几天，没钱会回家跟爸爸吵吵闹闹的母亲。我很讶异，怎么会有人不知道"吃早餐"这回事？

他说："小学的时候我以为大家都跟我一样，早上起来就准备上学，觉得饿喝口水就出门了，没去想其实大家都是在家吃完才来的。后来才知道不是同学没吃，而是学校规定不能在学校吃早餐,所以看不见同学吃。我有好长一段时间都这么过,直到升中学后看到同学带早餐来吃,才恍然大悟有这回事。"

"那你今天吃早餐了吗?"我问。"嘿嘿……"他不好意思地笑笑,长大后的他虽然口袋里有钱了,可还是没有吃早餐的习惯,常以喝一杯热水代替。他的身材过于瘦削,神情有些憔悴。他一直不太会照顾自己,包括饮食起居与情感,不懂得如何表达自己的关心或愤怒。而他的两个哥哥也有同样的问题。他们手足之间也几乎不分享,许多应该从父母身上自然而然学到的事情,他们都要自己摸索。

小时候无法写出"我的家庭"这种标题的作文,不知道如何过母亲节,他知道家里不正常到了极点。

"我印象最深的是,我妈会去跟我阿姨炫耀,说我们都是'自己长大的',因为我们家都是男孩,她都不需要操心也不用管,我很不以为然。"说着说着他神色黯然。

他的母亲居然引以为傲!她根本就没尽到身为母亲的基本义务,连让孩子吃饱穿暖这件事也不及格。她有恃无恐地把这一切丢给孩子的爸,就打牌去了(他告诉我或许母亲打牌只是借口,也许早有外遇),反正家里有大人。可是他的父亲无暇照顾他们,早上起床即不见人影。

这是多晦暗的童年啊,没有父母陪伴的家,能算个家吗?

没有同桌吃饭过，更没有一起出游过。他那在部队上班的父亲可以借由工作成功逃走，但孩子能去哪儿？这个空洞的家就是他的一切。

我常从这些特殊家庭出来的孩子身上找到一种美好的特质——坚毅，尽管饱受不为外人所知的辛苦，他们仍有办法找到出路。职场上老板很挑剔？同事很八卦或霸凌？拜托，这都是小事了。

后来在晤谈中我们共同描绘对家的想象，他期待自己三十岁时是这个样子："我想要有自己的家，就像大哥一样。大哥有了家庭之后脾气都变好了。我不想像我二哥，他跟我妈一样，到现在还跟爸爸借钱。我要让我的小孩吃得饱，穿得暖。"不知为何，这么简单的一席话却让我心里一酸。

之后我跟他的对话常常以"吃饱没"这种俗滥却最接近他状态的问候开始，而且必定问候三餐："你昨天早餐吃了没？那午餐？晚餐呢？"活像个唠叨的大婶。他则像小学生背书一样回答："是，我知道，早餐一定要吃，要多吃水果，也不能吃得太快……"他变得圆润结实，有精神了，只是仍旧不够自信。有一次他跟我说："我变胖了，因为我最近在吃焢肉饭喔。"我觉得他实在太可爱了。

他开始跟我谈他的理想：因为关注自己的需求，他开始运动并对运动愈来愈有兴趣；他现在在学游泳，想拿救生员的证书，之后想去健身房工作。

最后一次治疗会谈，我们仍旧不直接谈"改善人际关系"，而是谈类似吃喝拉撒之类的琐事。我很庆幸他理解了我的用意，愿意在改善人际关系之前先观照自己，诚实地面对家庭："这并非自己的原罪，而且我日后有能力过不一样的生活。"不再害怕去尝试新工作、认识新朋友。后来他真的如愿到健身房工作了。

我们的人生并不像健身房先生那样的极端，但也可能跟阿孺一样因为某些原因不快乐地活着。去探究让自己不快乐的原因，明白那些原先无法启齿的事并非自己的错，不必为此而自卑。以前的人生无法选择，以后的人生一定可以自己来决定。

不去掌控、过度控制家人，而要祝福家人：黑皮的故事

前面的故事给我的启示是，如果"家"连基本功能都失去，那么努力维持这个家的意义就不大了。更何况孩子有什么能力维持一个家？

这似乎验证了马斯洛的需求层次理论，生理与安全的基本需求被满足之后，才能在这一基础上去谈归属感与爱的满足。但，每种理论都只能说明人的某些面向，人的内涵如此丰富，有些情况偏偏与马斯洛的说法不符，甚至倒过来解释也行

得通。以下这个故事就是例子，它说明了只要有爱与关怀做基础，只要质量够好，子女也能收到父母的心意，那么生理上的匮乏也就相对能够忍受了。

有智慧、够成熟的父母可以给孩子安全感，即使父母无法在身边，孩子也能在被爱中面对困难。人当了家长之后必定知道，不管教比管教难，不唠叨比唠叨难，放开孩子也意味着放开自己，给予彼此空间。这也提醒了我自己，把孩子抓太紧，只会让他想逃。

黑皮来自一个穷困的家庭，父亲是工人，工作不稳定，在酗酒之后就变成另一个人：怀疑妻子有外遇，不断殴打妻子，找麻烦。黑皮排行老大，底下还有两个妹妹。母亲不希望家庭影响黑皮的人格发展，她对黑皮的管教很严厉，在黑皮小学三年级的时候就要求他洗米煮饭，不仅要他自己照顾自己，还要求他会照顾妹妹。（我领教过黑皮的厨艺，他是我认识的男性朋友中手艺最好的。有一次在"脸书"上看他自制了地瓜丸与芋圆，惊叹他随手拈来的厨艺。烧猪肋排、冬瓜镶肉等对他来说都是小意思。这些都应该感谢黑皮妈妈的魔鬼训练。）

他的母亲其实深谋远虑。因为家里穷，孩子必须尽早学会独立。他的母亲想必是希望他用最短的时间学会生活技能，建立正确的价值观。黑皮不怪他妈妈，即使考不好就挨一顿狠打："我自己本来就很顽皮，不逼我就不念书，因为我知道我

第一章 ♥ 当年的孩子有些苦涩

妈对我很关心,我知道她希望我成为怎样的人。"当我跟他聊起我的管教法宝"爱的小手"被孩子刻意藏起来不让我用时,他居然能把当年老妈打断多少根衣架和藤条的事情拿来当成笑话讲,跟我分析用哪一种打比较痛,而且还说得兴高采烈,一点都没有怪罪他老妈的意思。

到了中学时,黑皮家里穷困到连吃饱都有问题。因为不负责任的父亲游手好闲,母亲必须去外地工作养家,黑皮照顾妹妹。然后母亲一别三年,偶尔才能回家。

想必黑皮妈早就料到会有这一天,所以才做了那么多事前准备。

黑皮完全能够体谅母亲,她必须工作:"我妈三年不在家,可是我可以感觉到她关心我,但只要我爸一星期不在家我就觉得被遗弃了,他一点都不关心我们。以前我很自卑,请了一百多天的病假不上学,他就叫我干脆休学,跟他去做工;但我妈不一样,她会放下工作特地回来陪我,她会察觉到我不开心,所以现在我跟我妈的感情超好。"

后来黑皮继续走上升学之路,不管做什么决定,重要的时刻母亲都会陪在他身边。母亲只有一个信念:小孩不能变坏,要独立。她相信她的孩子可以照顾好自己。

高中的时候依旧很苦,父母到处打工,黑皮也跟着居无定所,甚至寄人篱下,住在同学家,那时父母正打算离婚。母亲虽过得苦,却想争得三个小孩的抚养权,黑皮当然想跟着妈妈。但重男轻女的父亲不可能放弃黑皮,这让他们很苦恼。不过后来的戏剧性转变是,父亲突然很干脆地放弃了黑皮的抚养权,原来是他有了新对象,很快要再婚。

母亲的爱很直接,一直跟随着黑皮。即使他现在一个月才能见到母亲一次,但他与母亲心与心之间是没有距离的。

第二章

走过苦涩的
青春岁月

7 所谓的叛逆,其实是被伤害、误解

很少有人愿意惹恼、得罪家人,甚至远离家人,除非万不得已。这个"不得已"背后有许多的无奈、失望或伤痛,为了保护自己只好选择离开。有些人的离开是为了活出不一样的自己,而有些人有限度地离开是希望自己有一天能再回来。

就常理来说,如果讨好家人就能让家人开心、自己也开心,当然很好,可是问题来了,以下三种状况会使"讨好"变得困难:第一,讨好家人的方式不是自己能接受的,认为不合理、做不来、不想做。第二,即使极尽讨好家人的能事,家人却永远不满意。第三,很努力地讨好家人,家人似乎满意,因为家人满意自己也似乎觉得满意,不过自己却不快乐。

谁不想当个乖孩子?当个叛逆的孩子半点好处都没有。孩子的叛逆,必定有许多原因。有些孩子在诊疗室里很酷地告诉我"我就是不想搭理我爸(妈)"或"没有为什么,他就是

很烦",如果细问下去,他们会说已经尝试过许多接近父母的方法,当这些方法皆无效时,自己就会产生"干脆都不要努力了"的无望感,豁出去了,就让父母讨厌到底好了。

当然,不是所有的子女在面对父母给予的压力时都会表现得叛逆,有些子女仍旧因感受到父母的关心而无法对父母生气,找不到出口的叛逆力量就朝向自己,有时连自己都无法察觉。这股内在力量是负向的而不是正向的,严重者便会发展出不良情绪。

有个个性怯懦的女大学生来找我。她对未来茫然,现在念的科系让她找不到学习的意义与方向,休学一学期之后复学,情况依旧没有改善。刚开学时她十分慌张,担心自己遗漏了什么,去图书馆照着老师所开的书单借了一堆书,却又不看,到期了原封不动归还,然后再借一批新的,她无法停止焦虑。

进入诊室的她,脚边的确放了一大袋借了大概又没办法看的书。

我察觉到她每次都是由母亲陪着来的,母亲很关心女儿的状况,有时会在门诊结束时把我拉到一边悄悄询问:"她今天表现得怎么样?"于是我便想稍稍了解一下她们的母女关系。"我妈很关心我,照顾我很多,我很依赖她,连我身上穿的衣服都是她买的,因为她的眼光比我好。"

"她也管我很多。我们当然会吵架啊,每次出门自己挑衣服她就会说这样搭配不好看,后来坚持了几次之后,她才让我自己去挑衣服。"

她无法对母亲生气:"我后来想想,我妈说得都对啊,我应该照着我妈的建议去做才对。她都是为我好,我妈说我英文好应该念英文系,而不是商学系,结果我果然是念不下去还休学。"她无法坚持自己的选择,摇摆不定,最后她真的没有办法独立,这又印证了母亲的说法,她必须仰赖母亲,而不放手的母亲也紧紧抓住了女儿。

父母为子女设想的,不一定适合子女,但过度担心子女走"冤枉路"的父母还是忍不住介入太多,操纵、主导子女的人生。这个女大学生只与我谈了几次,便因为难以控制的焦虑症状而住院了。

叛逆的女儿,不被了解的青少年:小柔的故事

小柔这个女儿,正是我说的不得不叛逆的例子。

我与她晤谈了近一年的时间,她纸片人般的身材,更显出过瘦的锥子脸与过大甚至带点惊恐的眼睛。她说话一向轻柔,即使说到伤心事也只是暗自垂泪,怎么样都无法将她与叛逆二字联系起来。这个外柔内刚的20岁女孩并没有明讲想谈母女议题,她为着睡眠问题而来,这个问题仅需要轻微的药量就能

解决；但她满怀心事，她谈的所有生活困境都指向母女关系。

她从小就不能理解，为什么母亲这么憎恨自己？为什么自己会有喜怒无常、一发作就爱摔东西、既不工作也不做家务、和别人那么不一样的母亲？在她的印象中，母亲对她没有慈爱，更不关心她。

小柔与母亲及姐姐同住，自懂事以来她就必须做家务，而她也从不质疑为什么姐姐可以不用做。如果做家务可以让妈妈对自己有一点点赞美，那她很愿意去做，那时顺从是她唯一的选择。到了小学毕业后的暑假，母亲告诉她以后的零用钱要自己去赚，还帮她找好了附近早餐店的工作，她早上过去帮忙两三个小时，每天领一百块。母亲还特意跟老板说不要给太多，因为小孩会乱花钱。

那时候的她认为母亲都是对的，也许早点独立是好的，早点了解赚钱不容易也很有道理，也许比较会念书的姐姐不需要做这些。

当时还怀有孺慕之情、一心想讨好母亲的小柔，曾在某年的母亲节画了一张卡片给母亲，当时母亲没有特别的表情；第二天，她在垃圾桶里看见了她画的卡片。她很伤心，找机会告诉了外婆。外婆隐约知道母亲的状态，却没有为小柔说话，仅说："也许你妈不喜欢卡片，如果送的是礼物她就会喜欢。"看似安慰的话语，实则挖了更大的坑让小柔跳。她之后拼命打工，存了一笔钱想买好一点的礼物。她心想："既然我买不起香奈儿的包，那我就买香奈儿的护肤品。"于是她买了一份在能力范围内已经是最好的东西，当作母亲节礼物。

"结果，第二天，我依旧在垃圾桶里看到了那套护肤品，她拆都没有拆就直接丢掉了。"一再地失望、心碎，母亲也把小柔的心丢进了垃圾桶。

送礼事件之后，她知道无法再怀有期待，于是开始冰封自己的感觉。

她在中学时开始变得凶悍。别人说她难相处、不友善，其实那是她的自我保护。还没有自己的小圈子之前，有一阵子她下课得躲在厕所，才能避开其他同学异样的眼光。有一天，几个女生围着一个唯唯诺诺的女生，把她们的作业放在她面前要她"帮忙"抄写，她看着那个看起来脆弱得像自己的女生，突然升起一股力量，走过去用手把那些人的作业本全扫到地上。那些人又惊讶又生气，于是她们打了一架……

我还蛮好奇女生打架会怎么打，揪着头发或掐着脖子吗？小柔很神秘地对我笑笑说："不，是直接把椅子拿起来丢……"反正最后她赢了，除了打赢之外还交了朋友，包括那个被霸凌的女生，还有几个也是班上主流圈子认为的怪人。现在至少她已经是"五人小组"的一员了。

她一直以来都自卑，因为没有姐姐会念书，没有什么很擅长的事情，只喜欢交朋友，但母亲斥责她交的都是坏朋友，几次之后她开始反抗："我妈都说那些是坏朋友，但我很清楚她们并不是。她们虽然有刺青、穿鼻环，这不表示她们是坏人，她们是真正关心我的人。"

母亲开始不能左右她，母亲的控制开始不起作用，她的自我意识日渐强大。就算还是不懂母亲为何这样对她，但她开始知道母亲的病态，她不离开是不行的。

在某次激烈争吵之后她离家出走，这个剧本在她脑中早就已经演练很多次——这样的家值得她珍惜吗？离家后母亲会有感觉吗？她只知道情况不可能更坏了。出去之后果然是另一种天地，幸好长期被情绪霸凌、精神家暴的孩子，还没有失去与人互动的渴望，也还没放弃爱与被爱。

小柔的朋友收留了她，然后她很顺利地找到两份工作，餐厅的老板娘极为照顾她，所以三餐都没有问题。她第一次感受到即使不是家人、没有血缘关系的长辈也能像家人一样照顾自己，甚至比家人更像家人。

跟那个名义上是母亲的家人比起来，确实如此。

一年之后，小柔应外婆的要求回家了，因为外婆说姐姐已去外地工作，只剩母亲一个人在家她不放心，所以小柔必须回家。母亲依旧冷漠。小柔在一年的独立生活中懂得了，原来一个人生活并不太难，虽然工作很累，心情却是说不出的轻松。

她随时都能再次离家，倘若母亲再度把她的心丢进垃圾桶，也许她就会头也不回地离去。

当她告诉我，她母亲当年只丢了她的母亲节卡片却没有丢姐姐的卡片的时候，我简直惊呆了。当她说出母亲第二次丢掉她送的礼物时，不该在晤谈室哭泣的我必须忍住想哭的冲动。家人所能展现的最大的残忍莫过于此——女儿纯洁的心被撕裂、摧毁，被不屑一顾。我以为凭我在门诊多年的历练，什么人没见过，但小柔的故事又让我看到另一种母亲的样貌。

小柔必须叛逆，也一定要叛逆，唯有这样才能得到救赎。我鼓励叛逆吗？是的，当母亲不再是母亲时，为什么我们不选择叛逃？

8 我不是你们想要的样子

这个坐在我眼前的大学刚毕业的女孩，近几个月已经有两次自杀行为。

小希（她说以前曾很想开甜点店，让我想起日剧《小希的洋果子》，所以我这么称她）自杀的原因是和男友吵架。男友说她心里有病，并讥讽道："先把病医好再来找我。"被男友狠甩外加羞辱，小希深受打击，当晚直接坐车到海边想跳海，但不知为何后来被警察送到医院的急诊室，中间的过程她完全想不起来了。

自杀是所有问题的终结，所有不想活的人都认为活着比死了还辛苦，那些困境不知如何解决，死是唯一的出路。那如果没有死成呢？有些人会尝试第二次、第三次，有些人则会停止尝试。

幸好我遇到的小希在尝试过两次自杀之后开始觉得"如果

死不了就要好好活",她有了些内在省思,不过离要怎么做还很远。没关系,我的工作正是协助个案找出改变动机,并愈来愈清楚该怎么做。

第一次谈话时,她就很清楚地告诉我,自杀只是一个导火索,她长期以来觉得很疲惫,做什么都好累,没有能让她提起兴趣的东西,也没有喜乐感——这是长期低落型(Dysthymia Depression)抑郁症,处理起来很棘手。

很快,她就帮自己整理出了长期不快乐的原因。她来自管教严格,可以说是过分严格的家庭,晚上有门禁、不准交男友的限制自是不必说,给的零用钱也非常苛刻。这个中产阶级家庭是不缺给孩子的零花钱的,但位居会计主管的母亲认为孩子必须要学会理财,她要教育孩子珍惜金钱;她的父亲则把孩子当成下属,带孩子如带员工。

并不是说父母不能教导孩子,可是别忘了,父母如果一味地把自认为好的观念与价值塞给孩子,没有理会孩子适不适合或需不需要,那么这样做的父母就不算称职。

只能在梦里拥有甜点店:小希的故事

小希曾经有过梦想:拥有一家属于自己的甜点店。她腼腆地打开手机中的"甜点照片集",那些已经许久未打开的照

第二章 • 走过苦涩的青春岁月

片,是她高中时的作品:小蛋糕、戚风蛋糕、瑞士卷、虎皮蛋糕……还有同学们开心大嚼的模样。就一般家庭现有的厨房设备来说,这小妮子的实力实在不容小觑,但她的母亲不断提醒她自己开店的资金压力、人事问题,劝她打消开店的念头:"当兴趣当然可以,要开店的话就不必了。"拜托,她才22岁啊!

通过那一次谈话,我知道了她的梦想,但她后来跟我说,她的父亲已经通过关系帮她找到政府部门的合同行政职,机会难得,下个月就要去上班。我很错愕,希望能再跟她好好讨论这件事。

没两天,我上班时接到她父亲的电话。他的口气有些气急败坏,虽然态度客气但难以隐藏其中的不满:"上次小希和您谈过话之后,她居然说她下个月不想去上班了。您到底和她说了什么?"

父母们的迷思之一是:"有谁会比我们更了解自己的孩子,难道我们会害孩子吗?那些教育专家凭什么告诉我们,什么是最适合我们的孩子的?"

对于这种一开始就有敌意的父母,我无意展开说服工作,因为那是吃力不讨好的事。如果父母已经存有这种"没人比我更懂孩子"的偏见,那谁来和他们的孩子晤谈结果都一样。我也为人父母,必须换个角度和这位父亲说话:"我理解您的辛苦，您为孩子设想很多。我当然没有您了解孩子，毕竟只见过一面，但我必须从医疗角度提出专业意见。您的孩子才因自杀而抢救不到一个月，现在还有再度自杀的倾向，所以我们医疗团队的确非常担心；再者，您孩子目前的症状是……"其实电话中不适合做这样的家长咨询，如果家长有疑虑，我们应该约门诊好好地谈，但我实在等不及。

"请等等，我去拿笔记。"这位爸爸的语气开始缓和，也很用心地记下女儿目前的情绪症状。在我充分说明目前症状仍旧干扰整体功能之后，爸爸愿意尊重医疗建议，好好考虑我提出的问题，因为我们都不希望小希在不适合工作的状态下去工作，若被辞退反而更影响其自信心。

我忍不住多嘴，提到了甜点店。"我们实在不觉得做甜点这种兴趣可以拿来当成工作，你不了解她的个性。"只要一句"不了解"，就能堵住我们这些外人的嘴。我真的很想问："那你了解你女儿为什么要自杀吗？"

我无言以对，只能这样说："我理解父母想为子女着想的苦心，也许这件事情需要开个家庭会议来沟通，我不能也不适合做太多介入。"

我想起我的女儿曾经在成为某韩团粉丝之后，跟我说她要学街舞，以后想靠跳街舞赚钱。我没多说什么，上网找街舞老师，然后付学费让她学了街舞，还好街舞课的费用和一般才艺课相比并不贵。过了几个月女儿说不想学街舞了，想学爵士鼓，于是我把原来上街舞课的学费拿去付学爵士鼓的课时费。她才十多岁，正兴致勃勃地看着世界。在我的能力范围内我都愿意陪她试试，仿佛补偿我没机会去尝试的才艺梦。

小希父亲对我的回答还算满意。若我不这么说，她的父母大概会把我当成企图抢走女儿的敌人。若不能得到父母的基本信任，那么我这个治疗师的工作就无法展开。

我是小提琴家＋滑雪选手：陈美的故事

当我听到陈美的故事时，心中很深层的东西被触动，既心疼她又为她高兴，她的母女困境正是许多人在母女关系上的困境。

关于她的报导是这样的——

> 陈美的母亲是华人律师、父亲是泰国人，四岁时父母离婚，她随母亲至英国并入英国籍。在业余钢琴家母亲Pamela的坚持下，她三岁学习弹钢琴、五岁学拉小提琴。拥有超凡音乐天分的陈美，十岁时已经可以跟伦敦爱乐管弦乐团同台演奏，十一岁时拿到英国皇家音乐学院的录取资格，十三岁时成为史上现

母爱的伤，也有疗愈力量

场演奏柴可夫斯基和贝多芬协奏曲的最年轻的小提琴手，十五岁时推出个人演奏专辑《The Violin Player》，成功融合古典及流行乐，全球热卖超过八百万张。

从此陈美过着功成名就的日子。要不是2014年冬季奥运会出现了"泰国滑雪选手陈美"，我们也不会知道关于陈美的另外一个不为人知的故事。

她在接受英国《每日电讯报》访问时表示，滑雪跟钢琴都是她从4岁时学起的："大家看到我滑雪时都感到很惊奇，但其实从14岁时起，滑雪就是我的梦想，是我决心要完成的事情。我并不妄想能够登上领奖台，我只想做到最好。"

但是陈美的母亲却不这么想，她在音乐方面全力栽培陈美，因为怕陈美手受伤不能演奏，便禁止陈美进行滑雪运动。严格的母亲曾对她表示，花了那么多心思为她建立事业，若因为贪玩而弄断骨头，甚至赔掉性命，那么"投资"就会化为乌有。陈美提及她母亲曾经说过："我爱你，因为你是我的女儿，但只有在你演奏小提琴时，你才是我独特的女儿。"

与他人过着大不相同的童年，陈美需要承受的辛苦与牺牲，我虽不能亲身体会，但可以想象，要付出多少才能换来日后的成功。我也试着想象小陈美是怎么承受这一切的。

陈美长大后想为自己争取更多自由，她在1998年时解除

第二章 ❤ 走过苦涩的青春岁月

了母亲的经纪人职务，没想到母亲大受打击，两人的关系从此恶化。陈美以生父的国籍参赛，完全不理会母亲禁止她从事"危险运动"的规定，她的母亲更加生气。陈美在二十多岁时决意追求自己想要的生活。

她参加2014年冬季奥运会时已经35岁，是代表泰国参赛的唯一女选手。她在超级大曲道滑雪比赛中排最后一名，不过这不算最差，因为还有15名选手未能完赛。不管是比赛前还是抵达终点的那一刻，她都被许多媒体包围、报导，比第一名还风光。她赛前也预测自己将是最后一名，不过她一点也不介意，"我没有摔倒……非常高兴！"她可以说是最快乐的最后一名。

在奥运会之后，陈美母亲仍拒绝和她见面和解。陈美虽然实现了自己的梦想，却变成一个不快乐的女儿，背着批评母亲的罪恶十字架。有人说，没有陈美母亲的用心经营，陈美哪有现在的成就？不过，把女儿当成自己的事业来经营，以爱为名，却让女儿一辈子活在阴影之下，这份私心我无论如何都无法苟同。

9 不典型的力量

以孝顺为名的伤害：女人不该 man，男人不该娘

性别议题是传统家庭观最大的挑战，只要子女与父母的信念相抵触，再和谐的家庭也会像纸包火一样化为灰烬，无法再假装是一家人。

不管是门诊的案例还是身边亲友、朋友的朋友，他们父母的态度都是否认的多、接纳的少（相对地，手足的接纳度反而很高），即使精神医学早已认定同性恋不是疾病、不需要治疗。太多怒气冲冲的家属到诊室告诉我们，他们以前那个可爱的孩子变了，需要我们来"纠正孩子的行为"。我们很无奈，却无法向他们言明，需要帮助的其实是父母自己。而来求诊的同性恋真正苦恼的多半不是感情或工作，而是来自家庭的伤害。

第二章 ♥ 走过苦涩的青春岁月

假儿子真女儿：长裤女的故事

长裤女是我门诊中同性恋个案的缩影，集合了许多"她"的故事。与她的晤谈至少持续了半年时间，这期间我遭遇到的最大的困难是她无法顺畅地说出心里的感受，每每让我有想撞墙的挫折感。奇怪的是，即使如此她仍然每次都如约前来，这表示这样的晤谈对她来说是有意义的。

她最常有的表情是苦笑，不管在叙述以前父母的态度、现在的生活，还是在我自顾自地整理对她的观察报告时，她总是不置可否地苦笑。

一开始她说的是工作上的苦恼。她做的是工程类工作，从事这类型工作的女性本来就是少数，但被规定要穿裙子可就有些不近人情了。她并不想穿裙子，平日倒还可应付，她可以借口穿裙子不好去工地为由继续穿长裤，但遇到每年几次的大型会议就躲不掉了，只好拿出唯一的窄裙穿上。

"穿上裙子我就不会走路了。"大热天的，长裤女一身深色系帅气打扮，脚踏登山靴，明眼人一看便知，所以工作上的苦恼只是她生活苦恼的一部分。她有多年的睡眠障碍，情绪低落。当然，我也毫不客气地直切最敏感的话题。我想如果她的苦恼与家庭有关的话，一切就解释得通了。

"我18岁时就离家到同性恋酒吧工作了。我曾经因为不想穿裙子而被老爸毒打,高中时承认自己有女友而被老爸威胁赶出家门,所以我就离家了。我爸是很传统的人,根本没办法接受这个。他对我不是打就是骂,我们没办法相处,我直到他过世三天后才回家。

"没有好好照顾父亲我很内疚,他毕竟是我父亲,所以那次之后我就重回到家里了,至少我还可以照顾母亲。"即使无法让父母接受,她还是想尽为人子女的责任,但这背后还带着罪恶感,可能有弥补或赎罪的成分。

这种感觉令我为有着同性恋身份的病人或朋友感到很难过,他们并没有做错什么,即使是盗窃犯都有可能得到父母的原谅。但,只是爱上同性别的人呢?连做子女的权利都没有了。

"我母亲比较能接受我,至少态度上不像我父亲那么强硬,但是她会一直说些伤人的话,像她会一直很自责地说'都是我的错,把你生成这个样子','我上辈子一定做错什么才有这种报应'。她还会逼我去相亲,说'你结了婚就会正常了'……"

我听了心想,这算哪门子的接受,以退为进的贬抑最是高招,态度温和不代表真接纳,母亲的慢性折磨让她失去活力,甚至让她失去做人的价值。即使她想要好好地去爱一个人,也会不断质疑自己是否有能力做到。

第二章 ♥ 走过苦涩的青春岁月

长裤女有一个交往一年的女友，大她十多岁（这一点又成为母亲不爽的原因）。平常长裤女住女友家，只在周末义务性地探望住在附近的母亲。她不想再有像失去父亲一样的遗憾，但母亲的言论太有杀伤力，所以她只能与母亲保持最安全的距离，让自己在平常得以喘息，让母亲也有抱怨的空间。母亲在生活上很依赖她，别人假日都安排出去玩，她则是当母亲的司机，母亲说要去哪里就去哪里，算是尽点孝道吧。

长裤女很勇敢，虽然她所追求的不是父母能够认可的，却一直没放弃，很辛苦地活着。所以她过得很紧绷，感情不太顺遂，同时又要承受来自母亲的百般轰炸，两边都希望她可以多付出些，一边是非传统的感情需要经营，另一边是母亲既轻视她又需要她。

而她所能做的，就是努力顾及两边。她央求她的女友同她一起回家，这样就可以兼顾两边，而且较年长的女友也识大体，可以理解她的为难，并不排斥去和可能的"未来婆婆"互动。

所幸，这两个人真正互动过后还不糟，她们三人甚至可以一起出游，想来只要不碰触敏感话题，应该还能够维持表面和谐吧，而且寂寞的母亲需要陪伴，亲生儿子不在身边，有个"假儿子"也比没有好，何况还附赠一个体贴的"媳妇"呢。

这就是我的声音：花美男的故事

与长裤女一样，花美男的故事也非同一般。他的嗓音尖细，衣裤紧身，扭着腰走路。有一回他有事来找我，我安排他到一间空着的会议室稍稍等我忙完。一个莽撞的助理拉着我说："他是谁啊？怎么声音这么娘、这么恶心？男生怎么会有这种声音，真的很受不了！"

我觉得很尴尬，因为会议室的门没有关，也许他都听见了。不过我想他应该也习惯了活在这个不友善的社会。

和许多同性恋一样，他也有个严肃与僵化的家庭，表面上做什么好像都可以，实则要迎和父母的期待（又是那种"我尊重你，但最后仍要听我的"的假民主）。"为了每天要喝足两千毫升的水，可以从早到晚絮絮叨叨提醒个没完。"花美男这样告诉我。

"我一家人都怪，父亲跟他自己的家族就合不来，像是活在自己的世界里。以前奶奶还在时，过年吃饭大家会维持表面的和气，但也不会玩牌聊天什么的，就是意思意思吃个饭，然后大家就快闪。等我奶奶去世后大家族就不一起过年了。

"我父亲脾气固执，只照自己的意思做事。他信教信得很虔诚。今年我外公去世时他就说自己不拿香，也不要我们拿香，奇怪，我们拿不拿关他什么事啊。去参加丧礼时亲戚只要求他双手合十就好了，没想到他也不愿意。我很生气，什么都不做那来干吗啊？真的很夸张。

"更夸张的是我母亲，尽管她私底下会抱怨父亲把我们当他的财产，但还是一直当我们的中间人。我跟父亲没话说，父亲有事都通过母亲来传话。每次我妈说'你爸说'的时候，我就很不耐烦，他有事就不能直接跟我说吗？"花美男的父亲没胆子直接问儿子的性倾向，可能心里有怀疑但不敢明着问，会念叨他的声音太尖、不够男性化，然后派母亲来探底细。他心里清楚他们不希望他是。

"有一次重感冒，我的声音变得很沙哑、很粗，我母亲居然跟我说：'你真正的声音终于出来了。'我真的很生气，有这样声音的我不也是你们生的吗？连我的声音都不能接受，别的就不用说了，为什么不能接受我这个样子？"

花美男甚至很认真地思考，是不是该去动个手术，改变声音，给父母一个交代，然后他们就会比较开心了？我很讶异花美男居然动了这样的念头，想要委屈求全，只为了让父母好过一点儿。这种鸵鸟心态也解决不了什么，就像老公有外遇，老婆去隆胸想要挽回老公的心一样，大家都知道这事不是那么简单就可以解决的。

10 没有母爱，还是可以学到爱

情绪是双刃剑，伤了母亲又伤了孩子

负面的情绪是一把锋利的刀，伤了自己又伤了家人。许多人不自知，把情绪转向家人，刺得家人满身是伤。尤其是无辜的孩子，他们哪里懂得大人之间的爱恨情仇，却承受了大人所给的伤害。每当想起之前遇到的这些孩子，我心里都会想：现在的他们过得还好吗？

某个母亲来找门诊医生看情绪困扰问题，却在医生推荐、但自己不太情愿的状况下来做心理晤谈。一开始她诉说自己的问题："我的情绪容易失控……我很想控制好自己的脾气。我会打我小女儿，她乖也打，不乖也打，有时候气起来下手可能重了一点……"（她吃上了家暴官司，这也是她不得不求医的原因。）

第二章 ● 走过苦涩的青春岁月

为了不让自己难堪,她话锋一转:"像我大女儿就很会察言观色,不会这样惹我生气……"

"因为我那个小女儿啊,顽劣,坏胚子一个,爱说谎,好吃懒做,跟她老爸一个德性!"把七八岁的娃儿形容成"好吃懒做",已经是过于明显的投射了。不久前,她的丈夫因为外遇劈腿而跟她离婚,母亲把对小孩父亲的恨意归咎在孩子身上,所以小孩爱说谎,说不定只是怕被打。那个母亲从那次之后没有再来,这在我预料之中,有几个母亲愿意面对自己的羞愧感?有谁愿意在外人面前诉说自己丑陋的一面?

我想起另一位陈大姐,她在我眼里是个傻气的母亲,不太会煮饭也不常煮饭,个性迷糊,常常睡过头,有时还要女儿提醒她冰箱里没有吃的了,可是她与独生女的感情超级好。

这么一位不像母亲、有时候更像女儿姐妹的人,却没失去女儿对她的敬爱。我很好奇她与女儿的良好关系到底是如何建立的,所以就格外注意她与女儿互动的琐事。有一次她跑来告诉我:"我本来和女儿约好去信息展,她帮我买计算机,可是她一大早给我打电话时,我还困得要死,根本忘了这件事,还凶她'干吗这么早打给我!我还要睡,你中午再打来',结果就挂了她电话。她气死了,因为她告诉我要买计算机就得早点去,不然快中午的时候人会愈来愈多。现在怎么办?她生气了,不理我了。"

我不知道该怎么安慰她，这时她拿起手机："喂，对，我知道你还在生我的气，我要说，昨天对不起啦，我错了，现在要怎么办？"电话那头女儿应该是气消了，她俩又另约了个买计算机的时间。能跟小孩那么坦然地说对不起，这给了我不小的震撼。我之前还没看过能跟小孩子这么干脆道歉的父母，他们通常是用迂回的方式间接表达歉意，如晚上做好吃的菜、多给些零用钱等。但小孩不一定接受这样的歉意，因为这是两回事。

陈大姐不因为自己是母亲就摆出母亲的架子，其实说对不起并没有那么难！

失控的母亲，失落的亲情：小芷的故事

小芷来自一个不完整的家庭，父亲在母亲怀她时去世。母亲已有两个孩子，无力抚养她，所以小芷一出生就被也是残缺的家庭所收养。这个家庭收养她是为了弥补残缺，家庭成员却因某些理由而对她怀着恨意。小芷就是战战兢兢地在这样的环境下长大的。

小芷理应很不快乐，可是她却具有温柔且善解人意的气质。环境没有将她打败，相反，她像冬日的阳光那样令人觉得暖洋洋的。

第二章 ♥ 走过苦涩的青春岁月

有一次她去有精神病患的长辈家做客，不巧遇上这位病人正在发作，大吼大叫胡言乱语，连家属都束手无策，也许只能打110叫警察来压制并打一针镇静剂才行！非护理出身的她却有办法用几句安抚的话，轻轻牵着病人的手走进急诊室，让在现场目睹这一切的我永远难忘。

"我母亲在怀我的时候本来想拿掉我，有人介绍一对想要小孩的夫妻给她，所以我一出生就被送给他们了。我们住在乡下，母亲跟养父母住的不远，左邻右舍都知道我的情况。记得在念幼儿园的时候就常常有人对我说：'你是别人不要的小孩！'所以我很小就很叛逆，小班时就会故意推人家，想让人家注意到我。"

那家人对她还不错，只有养母对她不假辞色，说她又难带又爱哭。小芷大班时养母生了妹妹，就对她更差了。有一次养母发了脾气骂她不好好洗澡，说她很脏要好好洗干净，竟拿了把钢刷来刷她，刷得她皮肤又红又肿。她的哀号声引来奶奶的关切。从那次之后奶奶就帮她洗澡，但她告诉自己一定要赶快学会自己洗澡，没多久她就坚持自己洗了。

念中学时，她充满恨意，心思根本没在课业上，每天只想着逃学出去玩，看谁不顺眼就想打谁。有一次她没交作业，老师当着大家的面说："因为你和父母不同种，所以作业不会写是吧？"养父母家族同辈分的小孩的功课都很优秀，有的还是资优生，无怪乎老师这样嘲讽她。

在小芷还很小的时候，生母曾经带着姐姐偷偷来探视过她，但她心中没有一家人的感觉。她想，如果是一家人的话，自己怎么会在这里？一个被亲人遗弃的地方；亲生母亲来看自己的意义到底是什么？她不知道。

就算有奶奶护着，养母还是很讨厌她，稍有不顺即拿她出气。小学五年级时她开始懂得反击：只要养母打她，她就打回去。养母娇小，她很快就长得比养母高了，从被打变成两人互打。还好，她俩"打架"时没有别的家人在场，如果养母屈居下风没打赢，应该也不敢跟其他家人吭声吧，大人还打不赢小孩？她也不说什么，毕竟奶奶他们对自己还是不错的。

她从养父、养祖父母身上得到了爱：养父工作很忙，虽然很晚回家，却常常会给她买好吃的东西；奶奶虽非亲奶奶，却生怕她受委屈。有一次她被邻居家的男孩猥亵偷摸，她先跟奶奶说，因为奶奶是她可以信任的人。

初三时她遇到不错的老师，这位老师不仅不会嘲笑她还会鼓励她，不管她的功课有多烂都会为她加油。小芷渐渐看懂了家里人的互动关系：养父和养母的感情其实并不好，当初领养她也是寄希望于她可以成为他们感情的润滑剂，可惜并没有成功。这是养母的第二段婚姻，养母的父母早逝，她的前夫对她暴力相向,她第一段婚姻所生的一儿两女都无法带在身边,可想而知,养母再次进入婚姻之后的怨怼——无法照顾自己的小孩,却要去照顾一个不相干的孩子,她怎能不把气出在小芷身上?

小芷不想再增加养父的负担,为了自己和家人,她早早就学会了照顾自己。

现在的她可以和养母友好相处,甚至会建议她如何与养父相处。我不知道她是怎么办到的,她是如何放下以前的伤痛的。也许有些人生性乐观,少根筋(尤其是爱计较的那一根),喜欢朝前看,不愿回顾过去。小芷结婚后,对于新的家人,她这样认为:"我很依赖我老公,他不在家时我就很没安全感。只要他在家,不一定要在我旁边,去别的房间做别的事也好,我就觉得很安心,所以我不喜欢他出门。可是他说我这样会给他很大压力,这点我想我需要改进……至于我儿子,我要保护好他,我要他过得比我自己好。"

对于婚姻有很多期许,知道自己哪里有盲点,也了解自己该努力的方向,小芷的成熟是大她十多岁的我望尘莫及的。她带着这样的智慧走入婚姻,必定能稳稳地走下去。

11 "都是为你好"：社会期待的破坏力

很早以前，我的母亲便将自己的遗憾转化成对我的期待：成为老师。无奈我天生反骨，小时又遭受老师的不当体罚，早就铁了心绝不当老师。

大学要选填志愿时，以当时的成绩我知道母亲殷殷盼望我填台湾地区中南部的师专，一是学费低廉，二是为了"老师"这个铁饭碗。但我早就决意要上北部的私立大学文学院，学费虽贵但是父亲同意出，母亲不能奈我何。

我并非故意和母亲唱反调，而是知道自己不适合在体制内工作。一份预测得到退休样子的工作，对我实在没有吸引力，而且要我一遍又一遍教授同样的内容，我也缺乏这样的耐心。但这些我无法跟母亲明说，对她而言我那些想法都是多余的。职业倦怠？哪份工作不是这样；当老师有何不好？薪水高、地位高有啥好挑剔的。

这样选择的代价是，日后在学习上或职场上遇到任何挫折都要独自承受，不能与母亲诉苦，否则就会引来母亲"谁叫你当初不听我的"的责难。这和想要寻求感情独立的代价是一样的，要选择父母不同意的对象，就得让自己不依赖、不哭诉，不让父母说出"谁叫你当初不听我的"那样的话。

我努力的过程很长，有好多年的时间必须忍受着不被他人理解、独自在职场上闯荡、找不到属于自己位置的苦楚。

直到40岁过后，我才有倒吃甘蔗的感觉，终于找到一份专业与兴趣可以巧妙结合的工作。我终于能够很大声地说这份工作自己想做一辈子。

坚持自己，拒绝相亲：女医师、女画家的故事

这个长相甜美的女生是个医师，这样身份的人出现在晤谈室里有点罕见。医师往往很难放下自尊坐在诊室听心理师分析，因为他们通常觉得自己懂得不比心理师少。

因工作之便我认识不少医师，他们聪明，有能力，其收入在金字塔顶端。所以没考上医师执照的"医师"、婚姻失败的医师、负债累累的医师或生出有智力障碍的孩子的医师，就不在我们的刻板认知之内了。

女医师因为感情上的创伤，很无助。她的家人，包括父

母、兄长，通通都是医师，他们理智化、世俗化，没办法懂她。所以她愿意跟我坦露想法，我十分感谢她的信任。

第一次见面时，美女医师先告诉我，三个月前与同是医师的男友分手，原因是对方劈腿。他们分手没断干净，对方依旧时不时私信给她一些莫名其妙的抱怨，自顾自地说些事情，不太关心她的近况与心情，透露出自私的一面，并说些只适合与同侪说的轻浮话，例如"以前真应该上了那个女的"等。

听起来她对这段恋情并不留恋，那个人的人品也不值得她多留恋，她只是有些害怕纠缠不清。她开始提到因这段感情结束而产生的另一困扰：她的母亲。"我妈为了这个跑去算命，算命的说我感情运不好，所以她就拼命让我相亲，说什么对付失恋最好的方法就是赶快找到下一个好男人，这样就会'很快'忘记之前的不愉快。我跟她说我不想相亲，毕竟现在对男人很不能相信了，但她还是很积极地去安排，我又无法阻止她，真的好困扰。"又是老一辈一厢情愿地以为这样做是为子女好，她的这一困扰我倒是很可以体会。

我们第二次见面刚好是农历新年过后，想必这段时间她也回了南部家中过年，大概也被逼着相了几场亲。果不其然，坐下来没多久她就急切地跟我述说过年期间是如何被逼上梁山的。"有一天我妈当天才告诉我，晚上已经约好了与相亲对象吃饭，连对方长辈都会到。我说我不去。我们大吵了一架，我大哭起来，哭到我妈都吓到了。最后是我哥去劝我妈不要逼我，这才暂时没事。

"不过她不死心，到了晚上就跑来找我'沟通'，不外乎是要说服我去交新男友，说什么既然前男友可以劈腿，我当然可以去交新男友，以我的条件可以交到多好的男朋友等。我很不喜欢她说'女人有家庭最重要'，所以长得好看，或者有好的身份地位就是能获得好婚姻的筹码吗？地位真的可以换来幸福吗？我妈她只要说不过我，就会说'不听老人言，吃亏在眼前'。"

这句话我也异常熟悉，我母亲也常在词穷的时候丢下一句"你就是不听老人言，以后一定吃亏在眼前！"然后愤然离开。

"我妈是个很重视门第的人，我哥娶了护士她不满意，觉得没面子，认为哥哥应该娶和他一样的医师，因为我们家都是医师……'小孩要平顺，父母才有面子'，我实在很不以为然，为什么面子那么重要？我哥选自己喜欢的人，夫妻俩的感情很好，这样不是很好吗？

"我不能理解的是，当初我跟男朋友交往时，我妈知道他也是医师就很高兴，一直鼓励我们在一起，但其实在一起两个月后我就想分手了。要不是我妈一直叫我给他机会，我也不会撑了快一年。只要我想分手，她就会说我抗压能力太低，在感情上不努力，害我以为自己真的是这样的人，只好一直拖着。"

现在的她不想依靠男人，她要证明自己的价值，除了努力工作，她也去画室画画，休假时去郊外摄影，并且安排自己半年后出国进修。她偷偷告诉我："我妈以为我只是去游学一年，但其实我是要待两年，我申请了一家艺术学校去念绘画。我妈她一定不同意，所以我打算先去了再说。"

她的母亲现在只想收集全世界够资格的男人，然后让女儿挑选。当然，做母亲的绝对认为这不是为了自己，而是为了小孩，让小孩幸福有错吗？

她最后一次来找我时，一坐下来就嘻嘻笑着说："我快要出国了，要过自己想要的生活了，终于不用穿得跟公主一样了。"我这才注意到，对，她的确不一样了，第一次来的时候她脸上画着精致的妆，穿得很漂亮，跟公主一样，因为穿得那样好看来晤谈的病人不多，大多数人是休闲甚至随便的装束，还带着病容，所以我对她印象非常深。但现在的她，长发只是随便一扎，穿的衬衫牛仔裤也很普通，不过她看起来很快乐，眼睛里有特殊的光。

"你开心就好"是真的吗？

我理解许多家长希望子女成为医生、老师、公务员，甚至军人，是因为很多父母自己也来自老师、公务员背景的家庭。

他们不希望子女受苦，想为子女选一条安稳的康庄大道。顺从的孩子为了实现父母的愿望，勉强自己却不快乐；不顺从的孩子则与父母产生冲突，也同样不快乐。

病房里曾有个特别的病人，他来自家族中有几个医生的知识分子家庭，功课优秀的他也正在往成为医生的路上迈进。身为牙医的父亲希望他成为"真正的医师"。不幸的是，他却在医学院六年级时发病了——他全身僵硬不听使唤，认为脑袋里有怪异植入物，有邻居会对自己下毒……情况实在不乐观。即便如此，他的父母告诉我们，等他"好一点"，仍旧要回学校继续读书。

他们无法接受儿子生病可能无法完成学业、无法当医师的事实，那是他们不能想象的。他的母亲常常透露，家族中的表亲叔侄的某某小孩，成绩有多好，事业有多成功，然后再补一句："我不想给他压力啦，只要他尽力就好。"

也许父母并不承认自己给了孩子压力，但子女又怎能不理解父母的期待？一边说"你看舅妈家的孩子真的很争气"，一边又说"我不会逼你，只要你开心就好"，这态度会让敏感的孩子无所适从。

所谓的"只要你开心就好"，背后的意思是"虽然对你有期待，但你生病了没办法要求你，所以只好暂时放弃。现在只能让你好好休养，放轻松，功课就不要求了，能毕业就好，等病好了再说"。这种无奈之下的妥协,不能真诚地接受子女的样子,只会造成子女更大的痛苦。

所以,"你开心就好",是真的吗?

第三章

成年之后，理解更多，重建关系

12 不良的夫妻关系，母爱大打折扣

我们在成年之后开始进入许多"精彩"的关系，并以此对照自己的家庭关系。例如看到别人的父母或者其他夫妻互动的样貌，再回头看看自己的家人有多不一样。

此时的我们开始有些不同。以前没有能力、无法逃，现在有些能力，可以为自己做点什么。

有个约四十岁的老板娘告诉我，婚后她一直待在店里，这个老板娘当得一点都不快活。"我先生是个自私的人，因为夫家就是这样，要我看店却没有帮我办劳保，只给我一万块生活费就算是薪水了。我养三个小孩哪里够？跟他讲也没用，他是没买过菜不知菜价米价，说我不懂得省钱，所以不够的都是我来贴补，这十几年来光开销就贷款几十万了……"对婚姻的抱怨是无穷无尽的。

她开始下定决心不要这个烂婚姻，最近正在办离婚诉讼，

搬出了那个家。长期以来她对婚姻的麻木与失望，也影响了与小孩的互动：好不容易放假不必看店时，她只想在家睡大觉；光养活他们就够累，根本没办法与他们谈心聊感受；念高中的大儿子很早就抱着计算机宅在家，女儿则有她自己的世界，缺钱时才会来找母亲。

搬出那个家几个月了，这位母亲伤心地说："小孩这么大了，也不会打通电话来问我过得好不好，好像我这个做妈的一点都不重要。"她那两个青春期的孩子忙着做自己都来不及，哪有时间顾及母亲的心情？我想，她的辛苦与委屈，小孩并非不知道，而是早已经练就自我保护，从小就看尽父母吵吵闹闹，若要不受影响，只好学会麻木不仁。

抱怨老公的母亲，无法尽的孝道

许多人告诉我，从小看父母吵架，刀光剑影的，早就麻木到不想再管。如果双方没有打到需要报警验伤、申请保护令，通常身为子女的他们也只能无奈地袖手旁观，更小的时候会躲在棉被里、衣柜里哭泣；再大一点，则是生气、厌烦；再后来就是门外自有一片天。更何况子女所有的力气都要拿去应付外面的世界，哪还有精力再回头安抚家中二老？

一个母亲怎能奢求，在无穷无尽的抱怨之余（抱怨先生有多不尽责、婆家有多无理苛刻），一转身就有孩子给予自己拥抱与微笑，这不是挺荒谬的吗？

太多在婚姻中受苦的母亲又让子女受苦，但自己却不自知。某位即将成年的女儿告诉我，多年来她和哥哥与母亲同住，但两人都无法和母亲互动，因为离婚的母亲多年来总是抱怨，说自己有多辛苦带大他们；然而其实这个女儿很早就得自己煮饭、洗衣、签联络簿，因为母亲歇斯底里起来连照顾她自己都有问题。她最受不了的是母亲的要挟："你一点都不关心我，一点都不在乎我！"（这应该是对她先生说的台词，怎么会说给女儿听？）母亲还会传割腕的照片给她，她看了只觉得反感厌恶。渐渐地，她已经冷漠到不想再理母亲，只要母亲在家，她就想逃；一毕业，她就要立马搬出去。

"哥哥很可怜，他不像我可以搬出去，因为他还要养我妈。"自从父亲离家后经济重担就落在哥哥身上，他必须从早工作到深夜，才有办法付房租，并给母亲一万块家用。哥哥实在没有余力也没有心情再和母亲说说话"培养感情"了。

她说她要转读军校或警校，那种供食宿、有书可读，又可以拿钱回家的地方。我理解她并不是真正想离开，她仍想用自己微小的力量减轻家里的负担。她嘴巴上说不想管母亲，心里还是记挂着。

酷妹则是另一个例子。

第三章 ❤ 成年之后，理解更多，重建关系

小学放学回家，她常看到的画面是：地上的各种碎片以及在客厅哭泣的母亲。父亲会说："这是大人的事，小孩不要知道太多、不要管。"父亲常常把孩子赶到楼上房间，不要孩子过问。但母亲的态度截然不同，她要孩子看到她们的父亲是怎么对她的，她们常常在父亲叫她们上楼去的同时，被母亲叫住："你们不准上去，给我留下来，看看你爸的德性，看看他是怎么对不起我的……"

于是酷妹和她的姐姐站在楼梯中间进退维谷："那现在怎么办？我们到底是要上去，还是要下来？"

父亲看似理智，母亲看似抓狂，这难道不是夫妻相害的结果？父亲长年屡屡外遇，这解释了母亲为何要抓狂。心碎的母亲只好抓住孩子，把孩子当作筹码，她常常对酷妹呢喃耳语："说说世界上谁最疼你啊！"小时候的酷妹不懂，总觉得妈妈好可怜；长大后就烦透了，烦透了他们死都不离婚，也烦透了妈妈的一蹶不振。

后来酷妹念了大学，终于可以名正言顺地离开家。她大一有了交往的对象，她向对方言明，等大学毕业就分手，不然就拉倒，对方也同意了她的条件（想必那时他天真地以为在一起之后就可以改变她）。等到大四时酷妹开始暗示对方：时间快到了，要准备分手了喔！但无风无雨的恋情没道理说分就分，于是在对方一点准备都没有的情况下，酷妹在毕业之后头也不

回地离开了，真正冷酷到极点。

后来酷妹通过他们共同的朋友才知道，离开之后对方痛苦了很长一段时间。她没想到自己竟然伤对方那么重，以为已经把话讲得够清楚了："不是说好毕业就分手的吗？是你不遵守规则的啊！"

等到快三十岁时她又有了一份新恋情，回首以往的感情生活才知道自己当时的病态。她已经不再相信"关系"能够长久。父母的相处模式让她不敢去爱，这就是她现在坐在这里和我晤谈的原因。

父母的样子，自己的影子

至于我自己的父母，我小时候眼里所见的是他们之间的长期冲突。他们争吵的主题不是钱，就是由钱衍生出的种种问题：谁跟谁借了钱、谁又不给谁钱……钱，永远是家庭中理直气壮吵不完的话题。

小学时我曾到过一个有虔诚信仰的同学家，她家跟我家比起来，差不多就是小康程度，家具有点寒碜但简单舒适。记得当时是下课去玩，她的母亲带着微笑招呼我们。没多久她的父亲下班回来，很快跟我打过招呼后，一只手上拿着一匹布（那是一个只有家庭自己剪裁而没有卖衣服的专柜的年代），另一只

第三章 ● 成年之后，理解更多，重建关系

手环抱着她母亲的背，说："这布不错，买来给你做衣服，你该做件衣服了。"她的母亲假装生气，说了些干吗乱花钱，要买也得先给小孩子买之类的话，然后两人就拌起了嘴。而我同学笑嘻嘻地站在旁边，一副见怪不怪的样子。

怎么会有那么充满爱意的家庭？好直接也好肉麻，我没有见过。长年以来我都蜗居在公寓四楼的家，家庭成员就五个，也没有什么亲友往来（我觉得不来也好，来了也是要借钱），过年过节就是大眼看小眼，不打牌，不聚在一起玩，只是围着一台电视机看着无聊的新春大拜年节目，但电视机的遥控器在父亲手里，只看父亲想看的，不想看的人就只能回房。

我不记得母亲抱过我或者摸过我的头。至于父母亲之间，冷漠占了百分之七十，激烈争吵占百分之二十，剩下的百分之十是尚能讲些家庭琐事。

印象最深的是有一回全家走在街上，心情好的母亲难得地想要挽着父亲的臂弯。平常都是母亲跟在父亲身后默默地走着，父亲总是板着脸，喜怒不形于色，更没有节日送礼或表示体贴的举动。那日母亲稍稍向前和他并行，轻轻地牵了他的手。没想到父亲像是被电到一般，急忙甩开她的手，脸上似有一丝嫌恶的表情。母亲心里一定是十分失望与伤心的。

小时候家里吵吵闹闹，原本就相敬如"冰"的父母愈来愈没有夫妻间正向的交谈，我几乎没见过他们有好好讲超过三句

话的时候。他们各买各的菜，各煮各的汤，互相嫌弃对方买的食物，如果家里够有钱的话肯定会有两台冰箱。我可以确定他们都很关心小孩，但不确定他们是否还关心彼此。

母亲唯一附和父亲的是他的政治倾向。只有赞同父亲的政治观点，父亲才有与母亲讲话的兴头。那兴头即使仅止于政治，也胜过什么都没有。所以每到选举期间，电视政论节目里吵吵闹闹，父亲满腔热血，有时跟着开骂，母亲总是"很开心"地坐在客厅里听父亲高谈阔论。只有那时候，两个人才暂时放下对彼此的成见，炮口一致对外，而且可以相当有默契地骂我们子女不关心时事。

母亲既认同父亲，又恨父亲，于是我们便成为她复杂情绪的发泄对象。她不喜欢我的外地人老公，也对我们无话不谈的夫妻关系嫉妒不已。

有个约六十岁、很有教养的女士告诉我，她对她先生没有太多的不满意，她先生辛苦工作，做到很高的职位，性格开朗乐观，对太太又大方，她是否煮饭或做多少家事，她先生都不会介意，"你想做就做，你不想做就不做"。唯一令她很介意的是，如果全家一起出门用餐，隔壁桌没人的话她先生就会去坐隔壁桌，隔壁桌有人的话就和她隔一个空位。

这令她很不舒服，明明是夫妻，却不和她坐在一起，不知道是啥意思？和她隔了一个空位，难道她会吃了他吗？他把

第三章 ♥ 成年之后，理解更多，重建关系

自己当外人吗？一直以来这都是她心中的疙瘩。这个女士不断说服自己，她先生只是需要较多的自由，不想被黏住，而且她贴心的女儿们见到此景会直接跟老爸说："你这样对妈妈很没礼貌！"

我猜想，他们的夫妻关系早就出了问题，他们只是不想面对，身体距离难道反映的不是心理距离吗？他们的两个女儿都表明不想结婚。

所以夫妻关系的好坏，对子女以后的感情生活有决定性的影响。子女把一切都看在眼里，不期待婚姻、不想结婚也不想有孩子，其实反映出子女对其父母婚姻的无奈。

13　摆脱中产阶级的家庭包袱

许多个性看似四平八稳、教养良好、父母皆白领的人，会有更多社会期待与包袱难以放下。当家里出现问题了，他们很难向他人启齿，更不要说求助了。

在医院工作的我有点难以想象，居然有不少人愿意自付每小时两千元以上的费用，去私人诊所寻求帮助，在那个隐私程度够高、不必排队、没有病历审查的地方，谨慎地一点一点地吐露自己的心事。

丢开家暴的包袱：背包小姐的故事

"背包小姐"的字面之意即行动力超强、个性独立的女孩。我对她的印象就是外在矜持有礼，看似温和内心却很坚强，不会轻易流泪，具有同龄女孩少见的成熟。我与她仅认识

第三章 ● 成年之后，理解更多，重建关系

半年，常闲聊但也仅限于闲聊的程度，是可以相处但不会黏腻的关系。

这次的访谈是我在网上发出邀请时，她主动报名的。在她坚强的外表下，有着借机抒发的强烈动机，令我更想深入地聆听她的故事。

背包小姐来自中产阶级的公务员家庭，父亲是中文老师，母亲是公务员，两人现已退休。她一直循规蹈矩，不曾让父母担心，所以她想借述说之机来让自己可以一点一点地离开父母（她说她现在只离开了三分之一）。

"我的母亲比较传统，顺从父亲，但也固执；父亲个性古板，对子女的要求我觉得不算严苛，他比较尊重我们的意见，只要我们能为自己负责，努力做出成绩就好。但他不懂得和家人沟通，有情绪就发泄在家人身上，尤其是母亲身上。"

也就是说，背包小姐的父亲遇到小孩不乖、不服管教这种事一律都是以"揍老婆"来发泄，而且常是当着孩子的面，仿佛是对小孩的一种警示。这比直接打在自己身上更让背包小姐受挫。至于父亲是怎么打母亲的，背包小姐报以沉默。

和老婆意见不合、小孩不听话等，这些事也许不怎么让人开心，但也算是寻常家务事。若非情急或长期累积的不满，实在很难想象要用拳头来解决。

从她有记忆以来就看着母亲被打,直到念高中为止。受人尊敬、尽职守分的父亲竟然动手打母亲,她还要承受母亲忍耐之下的愤恨情绪:"都是你们!若不是你们我早就离开了,早就可以自由自在了。"

一方面,她想保护母亲,但又厌恶母亲的唯唯诺诺;另一方面,她又没办法真的憎恨父亲,毕竟父亲只对母亲动手而不是对她。

哥哥的态度是既不服从,也不积极(另一种定义是懒散),也许他是用这种方式来抗议对父母的不满。"有一次是哥哥高考完后要填志愿,我就知道那个晚上没法睡了。我本来就睡得早,十点多就睡了。但我老爸把我叫起来,说'谁都不准睡,通通给我起来!'我和母亲都很无奈,心想那关我什么事,可是我爸认为哥哥考不好,家人都有责任,要一起开家庭会议……"

这样的父母当然不会去细想,养出这样消极甚至刻意不去符合他们期待的孩子,是不是自己出了什么问题。

我也有和背包小姐相似的经历。

那年弟弟考高中的成绩不理想,我正在读大学。成绩公布当晚父亲暴跳如雷,我正在房间捧着金庸小说看得津津有味,完全不知家里的气氛有变。父亲突然怒气冲冲地走进来,抓过我手上的书然后撕烂,看到桌上还有几本也一并撕了,骂道:

第三章 ● 成年之后，理解更多，重建关系

"别以为你念大学有什么了不起！"我被骂得莫名其妙，当然也觉得委屈。当时老弟硬是要跟在我屁股后面看金庸小说，我提醒过他功课比较重要，无奈他并不听劝。我不恨老弟，却对家里的这种重男轻女思想感到厌恶。

老弟高中时还爱玩，母亲会怪我："弟弟成绩不好，为什么你不能教一下？"（天知道我要怎么教他？）母亲还会怪罪我"自己结了婚就不管姐姐的幸福"（姐姐尚未有对象）。我不懂为何自己过得好，就该对家人负责。我过得好难道不是自己努力得来的吗？我们不都该为自己负责吗？

我与父亲冷淡的关系（与母亲则是不断冲突的关系）直到我要结婚了才有所改变。婚礼上父亲并没有露出难过不舍的样子，但新居开始装潢时父亲每日必到工地巡一巡，向工人递烟、买盒饭饮料，新居完成时到处摸摸弄弄，把柜子边角修圆，在热水器旁贴上"小心高温"的字条，我才开始确切感受到父亲没有说出口的爱。

背包小姐上高中以后，她的父亲就不打母亲了，因为母亲利用她来对抗父亲的专制。母女紧密的关系建立在背包小姐"以前是保护者，现在是照顾者"上面。她无法真正离开。她说以前最害怕"母亲有一天会走"，这个家会破裂，母亲的威胁有一天会成真，所以她尽其所能地不给家人添麻烦，尽量安

抚家人。

她的纾解方式就是拿起背包出国充电。这个冠冕堂皇的理由父亲是允许的。一个月、一星期都好，只要她能暂时离开家。我问她现在最想做的是什么，她浅浅地笑着说："晚上不必回家。"

简单的爱与社会地位无关

"我开始了解，父亲实在不懂得与人相处，无法体会他人。他那么传统与古板，我不记得他那边的亲戚有谁和他要好。"背包小姐说，父亲蛮横地对待母亲，而母亲虽然表面上依赖自己，其实她最惦念的是那个早已离家的哥哥。近年罹癌的母亲常常需要跑医院，虽然她都陪在身边，可是母亲仍旧不死心地问："你哥呢？你哥怎么没来？"

"哥说他不想来。"她很想这样回答，但不想让母亲失望，终究没说。有一天她也要离开。

相比白领家庭莫名的矜持，另一个来自低收入家庭的女儿全然感受到了母亲纯粹的爱。

"我母亲是领有残障手册、智力不足的人，她不懂得如何表达关心，甚至不懂得如何照顾我，不过我知道她是爱我的。"

她母亲的智力水平大概停留在小学生阶段。她会烹饪，但

第三章 ❤ 成年之后,理解更多,重建关系

只会简单的炒菜,无法做出精致的料理;可以做简单的家务,但没办法讲究地布置。当然,她也无法辅导孩子的功课。这样的母亲仅能满足孩子的基本需求而已。

"我开始看精神科时,压力很大,状况很不好,她当然不知道我看的是哪一科,跟她说她也不会懂,但我还是保持每周回家看她的习惯。不过即使我不说,她也会觉察到我最近不太对劲,会像我小时候那样摸摸我的头。有时我跟她说,好啦别摸了,她还是会一直摸。

"除了摸摸我的头,她还会去传统市场买一大袋便宜饼干,然后叫我带回家吃。我早就不吃那些零食了,可是每次回家她就买好一大袋等着我……我知道她是好意,那是她表达关心的方式。她不能帮我解决问题,但看到她那么努力地关心我,每次回家,我就觉得自己又好转了一点。

"我家是低保户,领社会补助,要看他人脸色,所以当我懂事、长大之后,我绝对不准别人瞧不起我妈!我跟当时想娶我的老公说,如果你不能接受我妈,那就是不能接受我,没什么好谈的。我老公在这一点上还不错,一直以来都支持我,也放手让我照顾我妈,算是尽责的女婿。"

她很有自尊,努力地为妈妈撑起一片天。虽然妈妈什么都不懂,饭菜只是弄熟弄热而已,无法教导她人生大道理,但妈妈的爱是最纯粹的、没有杂质的。

14 摆脱传统伦理的枷锁

小时候的我就很固执,别人说往东,我一定要往西,决不妥协;所以在看到大人的行径不一定可以成为孩子的榜样之后,我亟欲摆脱这一切,找到属于自己的新世界。

这是有原因的。儿时的我常被骂六亲不认,因为我不向难得来访的亲戚打招呼,叫叔伯阿姨什么的。问题是,他们中有的人我见都没有见过,那些说"你小时候我抱过你啊,你忘了?"的人最是无聊:襁褓中的孩子能记得长辈们的尊容吗?别开玩笑了。

我以为,长辈应该先自我介绍,没道理要晚辈先打招呼,更何况我不知道该喊什么:喊阿姨、婶婶还是姑姑?我曾因为犹豫着不知道该喊哪一种,又被父母骂了:"你连喊什么都不知道,书都白念了。"难道这不是长辈该教我们的吗?

于是我板起脸孔装酷,就算被骂也装作不在意,心里对亲友之间的送往迎来十分排斥。从小在父母因为亲友间金钱纠纷吵吵闹闹中长大的我，对于亲戚偶尔、难得的聚会场面只会觉得虚伪、不自在。

母亲有关伦理道德的泛泛说法怎么可能让我服气，只能让我这个不受管教的小孩更加桀骜不驯。

挑战旧有的"应该"，重新思考

很多由"应该"累积而成的传统概念，不知道是从什么朝代开始形成的，即使已经受到挑战，仍有些人奉行不渝，并用自己的理解再加以解释，不容外人质疑："不要问为什么，反正就是这样！"

年纪到了就该结婚，结了婚就该有小孩，最好一儿一女；人人都该有一份"像样"或"稳定"的工作（所谓像样或稳定指的是什么？定义不明），子女都该奉养父母……可惜我见过许多十多年互相不说话只传纸条的夫妻，相隔没两条街却老死不相往来的亲兄弟，还有父（母）亲早年弃子女于不顾而离家，等年纪大了病了、倒在路旁，路人报警送医后，警察通知长大了的子女去医院探望与领回，这该怎么领回？这个家早就已经没有他（她）的身影了。

如果我们对"家"的概念不再如此执着，是不是就不会再有执着的痛苦，摆脱束缚，按照实际的、想要的方式来过自己的人生。

女人的折损，女人的心理病

"男尊女卑"（或重男轻女）这个极度不正确的字眼，表面上我们已看不见，但依旧在生活中存在。

当年我生下了第二个女儿后，销假回医院上班。某位门诊助理问我："你第二胎生男生女？"我很开心地回答："又生了一个妹妹。"我挂在脸上的笑容还没消失，助理居然自言自语补了一句："就怪自己的肚皮不争气哦！"我简直难以置信，难道我不该因为生女儿而开心吗？对方毫不掩饰的价值观真让我瞠目结舌，惊讶到居然没有立刻反击。

后来知道那位助理晚婚，她努力怀孕而得到一个儿子，无怪乎得意若此。我一直很想搞清楚，"重男轻女""男尊女卑"的观念如何侵蚀着女人的自尊。

我在"万般皆下品，唯有读书高"的家庭氛围里，成为学历最高的人，而这却成为母亲的遗憾，"如果这个会念书的孩子是个男的就好了"。

这遗憾的背后是矛盾，是逻辑上很难讲清楚的事。母亲一方面觉得自己当年缺乏栽培（只能念到初中），要不然也有条件去当老师（说自己当年成绩很好的事至少讲了八百次），另一方面自己却接受"男人有成就是应该的，女人则不必"的观念。

母亲最常提及的得意事之一，就是有一次到学校为念小学的我送饭，小学生一见到她便举手答礼说："老师好！"母亲好开心，直说自己当天只是随便穿穿，却被误认为老师，可见自己的气质和老师相配。

"老师"，是她所认知的女人能做到的最好工作了，再好一些的工作就是她无法想象的了。我后来念了研究生，有一天谈话间，母亲问我念的是不是中文系的研究生，我回答："不是，是心理系。"母亲讪讪地说："都搞不清楚你在干什么。"

母亲当年渴望能有更好的学业与成就。她认为机会只有一次，失去的时光一去不回。她只能做好长女、妻子的工作，大约在她五十岁之后，有一段时间我们子女很积极（想想也很天真）地鼓动母亲去进修："你不是老说自己缺乏栽培吗？那现在就可以去念补习学校，去念你想要念的啊，社会大学什么的也都有很多种课可以选。"

不过她已经念不动了，即使她还不算太老，做什么都应该还来得及，但母亲已经全然放弃。那种"反正这辈子就是这样了"的无望感，母亲还在世时我常常可以感受到。

外婆身上也弥漫着同样的无力感，那也是她老人家还在世时，我唯一能感受到的。在外婆晚年，我们曾在都市小公寓同住了几年,那里不是她熟悉的乡下四合院,她几乎不出门,应该说连走动都很少。她最常做的一件事就是发呆,拿张小板凳坐在走廊上,除了偶尔必要的吃饭、如厕,她可以从日出坐到日落,跟个雕像一般。我记得当时母亲也像我们这样劝她的母亲:"你出去走走啊,公园就在附近,学其他老人家活动活动啊,不要老待在家里。"

母亲比外婆好一点的地方是,照顾刚出生的粉嫩可爱的孙女是她仅剩的活力来源。除此之外,那种对人生已无可改变的宿命感母亲和外婆是一样的。

我这个做女儿的天生反骨,做事情要先问"为什么",一切传统观念的束缚通通成为我反叛的来源。年轻时的我要与重点大学学生来往,格外自傲,我下定决心要靠自己,自己获取成就,如果是嫁给有成就的男人去陪衬他,那自己什么都不是!

这样独立强悍的个性,注定了与我气味相投的异性朋友不普通,包括许多同性恋朋友,以及个性上不具威胁性的草食男,我们的往来遵守"男女平等"的规则;那种会说"你们女生不懂政治"的臭男生,马上会被我打入十八层地狱。

婚后我生了两个女儿。第一个女儿的诞生是家里长期冷漠气氛下的一股暖流。传统上老大是女生,就会被赋予"可以照顾弟妹"的身份,所以她作为孙子辈的第一人,可说是备受长辈宠爱。第二胎我生的还是女生,但并不太担心"次女的命运"会重演,因为老二有我这样的娘。

当然,家里还是会有些期待与小失望,但由于孙子辈内外有别,如果可以的话母亲更期待刚结婚的弟弟可以生个长孙。于是我在"有比没有好"、没得挑的情况下迎接第二胎的出生。

母亲依旧很疼爱第二个外孙女,同时开始殷殷盼望弟媳的肚皮,时常对我说:"我有预感这次是男的!""已经有两个女生了,所以这次'一定'是男生。"奇怪的逻辑!我冷眼旁观,心中想的是别打老天爷的如意算盘了。

果然老天爷感应到我的心思,弟媳这胎依旧是女生。我可乐了,偷偷跟先生说:"你看,这就是报应啊,愈是重男轻女的人愈要好好修炼这件事。"

这几年关于子女性别的新闻,都会引用2011年英国对子女数与性别的研究。该研究指出,幸福指数最高的家庭组合,第一要素就是有两名女儿。

此研究针对数千名有16岁以下孩子的父母进行调查,结果发现幸福感最高的父母所有的子女性别组合排名分别是:两个女儿、一子一女、两个儿子。对此结论我和其他有两个女儿的朋友们点头如捣蒜。

女儿,多美妙的礼物啊!我不止一次告诉我的女儿们,我对拥有她们感到十分的幸运与幸福。母亲还在世时,她常看到我拥着女儿左亲右抱,一脸陶醉满足样。有一次她忍不住笑着说:"你很满足哟!"我回答:"那当然啰!"

我母亲也有两个女儿,可惜我没有被她拥在怀里的印象。

我很期待母亲在三个孙女的围绕下,能够将执着慢慢放下,可惜后来母亲病重,没机会感受孙女和女儿围绕身边的种种好处了。

跨越禁忌

许多对女性莫名其妙的贬抑,经过长时间沉淀就会变成只可意会不能言传的"传统"。为何女人在生理期就不能进庙宇?为何女人不能上渔船?为何女人不能清理神桌?这些关于污秽、触霉头、不洁的联想,是如何与女人连接在一起的?我既不解也不能苟同。

"对女人的污蔑必定是出自某种恐惧,也是出自既得利益者。"现在的我会这么想。愈是这样,愈显示女人的力量强大,强大到对手必须搞些神魔化的名堂来打压。

幸好我在大学学习了四年的文史哲知识,理解有些良善观念是普世价值,传统观念并非全是老掉牙的东西;真正该反省的是世俗中被刻意扭曲的伦理观,被似是而非地解读。不容许被挑战的观念才真正可怕。

只有保持好奇,不害怕去挑战或愿意被挑战,女儿们才可以真正摆脱过去的束缚,找到属于自己的新生活。

15　摆脱角色的束缚

值得庆幸的是，原生家庭对我们的影响并非一辈子都不可消除，在成长的过程中一定会出现不同的人事物，促使我们渐渐修正为自己想要的样子。

来晤谈的个案老是担心过去的经历会伴随着他，不敢相信有一天不会再受家庭创伤经验的影响。我常说："什么事都值得相信，就像你以前也不会相信，有一天自己竟然会来看精神科。"这话一向能引起对方无奈的笑，然后谈什么就都有可能了。

我觉得没什么事是不可能的，只要愿意相信，愈相信就愈能办得到。

有时候我会这么问个案："想想自己五年后的样子，你想要怎样的生活，继续现在这样的生活吗？"对方通常猛摇头。我只是更直接地挑明了对方的渴望。只要真的想改变，现在开始拿出行动力就行了。

我逐渐向外发展，想借由学习找到力量。有一次我问姐姐，我的学历会不会对她有压力，因为家人的成就也许会成为另一个家人的压力。姐姐很干脆地说："很好啊，家里总算有个会念书的，反正我又不爱读书，书给你念就可以了，我才不会嫉妒呢。"

老姐也曾经为了迎合父母的价值观"公务员是铁饭碗"而尝试去考试，但没多久就不了了之了，最后还是凭自己的摸索找到了稳定的工作。老弟更是狂放到不受父母控制，对于想念的专业没有因父母的意见而动摇（他的狂放与我的叛逆不同，他的狂放是充分被给予的自由，而我则是挣扎着要逃走）。当他想念建筑系时，父亲对他要念五年以及"会绘图吗"充满质疑，后来问了我的意见（想必我的意见开始受到重视了），我的看法则是"他想念就让他念啊"。最后弟弟念了建筑系，可见我的我行我素也并非对手足没有影响。

当母亲的癌细胞转移至脑部时，她出现了意识混乱的谵妄现象，也出现了失智，近期记忆逐渐丧失，她认不得自己一手带大的小孙女，只记得大脑中最稳固的那部分。她开始疯狂地找父亲与弟弟，一看到我就急着找弟弟，非要有弟弟的陪伴才安心。每日的放射治疗有十分钟得躺在黑暗的治疗舱里，这常使母亲十分焦躁，要哄她也得用"你不乖，弟弟就不来看你"

这样的话，如此方能期待母亲配合。

我因地利之便，当然能每日探望、随时出现，但弟弟因工作关系，要他随传随到则有困难。他感受到母亲对我的忽略，有一次很严肃地对母亲说："你这样不可以，不可以重男轻女喔。"母亲眼神空洞，像个小朋友一样很乖巧地"喔"了一声。我虽然心里想"你这个白痴，老妈都病到头脑糊涂了，你还跟她说这些"，但却很欣慰，因为母亲对重男轻女的执念，并没有对我们的手足之情造成负面影响。

摆脱角色的义务与责任

母亲出生于本地的大家庭，排行老大。对她来说，作为长女的遗憾就是不能继续读书当老师，她有她该尽的责任与义务。默默承受的母亲其实并不快乐，但又不知道该如何解脱。

以前她常常边做家务边生闷气。我记得只要我在家，她做家务时一定是气呼呼的（可能我不在家时也这样），伴随着碎碎念，"我这样做到死算了""你们一个个都懒得要死，看你们以后（嫁人）怎么办？"其实她想要的是女儿主动做家务，不需要任何提醒，我们就可以看出她的需要而去帮忙，她希望我们可以"洞察先机"地知道她的需要，不必等她开口。她不想开口："为什么要开口？老娘我累得跟佣人一样，难道你们

'看不出来'？这还需要特别讲吗？要讲的话干脆就不要你们帮了。"我并非真的无感，一方面是懒，另一方面是知道自己不做被骂，做了也被骂，还是宁愿多一事不如少一事。

其实，需要跟爱一样，都得说出来才能让人明白；别人不是自己肚子里的蛔虫，不是什么都可以猜得到。我在做心理咨询时也会设法让个案说出自己的需求，说得越多，被了解、被讨论的就越多，而不是让需求埋在心里，愈积愈多，最后纠结成一团化不开的愁。

她的家务只需要女儿帮忙做，儿子不需要，因为"他功课（工作）很多也很累"，应该休息，这根源终究是性别不对等的问题。

当我年纪稍长，渐渐读出母亲的心思并感同身受，踏入婚姻多年后，我愿意在她的念叨下做家务。对于那个念叨，我的解读是"感受到被支持、有人可以倾听，所以可以放心念叨"的安全感。而且她念叨的对象是儿媳妇，"她应该主动帮忙做家事啊""她应该知道我很累啊"。母亲的那些"应该"又加入了对"儿媳妇应尽义务"的认知。她无法理解别人的想法跟她的并不一样，反而会责怪"为什么别人会跟她想的不一样"，这注定了她有不被人了解的痛苦。

因为是外人，母亲格外不敢得罪儿媳妇，即使心里不满，也怕儿媳妇委屈，儿媳妇买的东西甚至是放在浴室的肥皂都不许我用，担心儿媳妇心里不痛快。这样过分小心翼翼，反而把自己推向了不可能被了解的黑洞。

主妇的强迫症，唯有看清才能解脱

有很多母亲用许多自定的家规来显示自己的重要性与权力，以家务为业的母亲们更是。外界有太多对"家庭妇女"刻板、不友善的言论，如"在家比上班闲""不懂赚钱的辛苦""在家没事就该把小孩带好"等，使得这些辛苦无法被人看见的母亲深感不安，将对做家务的病态要求当成情绪的出口。

不够自信的母亲当然也深受此害，可能会要求别人必须按照她的意思来切菜、洗碗。身边的朋友曾告诉我，她晒个衣服一定要遵循母亲大人的意思来做，内衣外衣要在不同的杆上晾，不这么做就不行，唯有这样她母亲才能得到掌控感。

我在门诊遇到过许多十分焦虑的母亲。有一次接到一个新手妈妈打电话来哭诉，她搞不定宝宝，明明尿布换了，奶也喝了，背也拍了，也逗了一阵子了，为什么宝宝还是啼哭不止、不愿好好睡觉？她快要发疯了！我感觉情况不妙，希望她能来门诊一趟，可是她说："我出不去啊，家里现在没人，我出门一定要带着小孩，可是我觉得外面很脏，宝宝会生病。我知道我太紧张了，家人都这样劝我，但我无法不紧张。先生一回来，我一定要他在门口就换下外出的衣服，然后去洗澡，才能抱小孩。我先生想要我放松，带我们去度假，可是我住到饭店里，明明饭店很高级，我也会担心浴室毛巾很多人用过，会不会留下艾滋病病毒之类的。洗衣机也被我一直用一直用，我先生现在把洗衣机锁起来不让我用了……"

过去的她是在证券业工作的职场白领，那么大压力的工作也没让她陷入焦虑，却在进入家庭、当了妈妈后，一直焦虑不止。她开始认为自己好差劲，连基本的家务都做不好，小孩也带不好，她对自己存在的价值产生怀疑，她用非得这么做不可的清洁行为掩饰自己内在的焦虑。

还有一个母亲养育两个过敏儿，也同样有过度整理与清洁行为，并且深为睡眠障碍所苦。不管我多努力让她脱离紧绷的生活方式稍稍放松，她都拒绝。她有各种不能改变的理由："我不能不好好洗碗啊，一定要用清洁剂洗过，再用热水烫过。就怕有细菌。你知道他们过敏起来有多麻烦吗？一直流鼻涕，流出黄鼻涕了还不止……"她总找得到说服自己的理由，拒绝正视自己的情绪。于是我放弃了："如果你一直这么坚持，那么你的睡眠就很难有所改善。"

她耸耸肩，露出无奈的微笑，她也明白她的坚持正是她的焦虑来源："我不可能不担心啊。"母亲们企图掌控一切，一定要先这样，然后才那样，达到她的要求。

第三章 ♥ 成年之后，理解更多，重建关系

担心的背后也可能是自卑与不安全感。母亲在她去世前几年，行为执拗达到了最高点。她固守着自己的小小世界，严格规定我们浴室的地板不能淋到水。我曾反驳："小孩子洗澡怎么可能不打湿？湿了再擦干不就好了？"这也会引来母亲的不快。饭菜不能翻拣挑选，下筷子之后就必须夹起来吃，否则母亲也会老大不高兴。擦碗盘只能用这块抹布不能用那块抹布，而且不能用纸巾，因为太浪费。有一次我要帮母亲切卷心菜，粗手粗脚的我嫌菜梗碍眼，就顺手要扔掉，没想到母亲骂我浪费，我辩解道："你要我帮忙，我就用我的方式啊，而且现在卷心菜也便宜，菜梗太硬了，丢了有什么关系。"这下母亲更生气了，直接说我忤逆。

母亲执着于鸡毛蒜皮的细节，要求家人必须按照她的规矩行事，家人若有不从就会被扣上"不尊重我，不在乎我"的大帽子！我只能选择顺从或不顺从母亲，无法更改她的内在规矩。

16 和解是可能的吗？

一辈子固守传统的母亲，并非没有改变的机会，也未必是不想改变。

我这个离经叛道的女儿带给母亲最大的启发应该是，与交往多年的男朋友仍旧可以分手，女人不必从一而终，而之后的选择也许更好。即使她并不喜欢我的男友二号、现在的老公，但我们过得比她想象的好，这是她没有也无法理解的经验。

我常与个案女儿们讨论，如果我们愿意给母亲们机会，愿意更主动一些，也许结果就有可能不一样。如果不让她们靠近，又怎能责怪母亲不够了解自己？

这需要鼓起莫大的勇气，还需要多年的磨合，十分辛苦，因为观念的扭转与改变不是一天两天就做得到的，不过总得试了之后才会知道。

我自己并不算成功，过了多年，母女关系依旧是两条平行线，不过至少我努力了，挑战了她的刻板印象，让她看见了不同婚姻的风景。

而小敏竟然只用半年就可以和她的母亲重新接上频率，想必是她强大的内在影响到她母亲，而母亲对她的爱也不被过去的观念所困，小敏的改变促使了母亲的改变。

女人不一定要嫁掉：小敏的故事

我初见小敏时，她是一个刚满30岁、没有如愿把自己嫁掉的伤心女孩，因为她在打算结婚时发现男友有外遇了。不过她不敢和家人说出真相，只说今年暂时先不结，预订的婚纱和喜酒都先退掉。她想再给彼此半年的时间，看看两人到底还能不能在一起。

她不想说的理由，是希望在不受干扰的情况下好好想清楚，而不是被家人逼着做决定，因为家人基于保护她的立场，一定会说些伤害对方的话，这让她无法好好做决定。

撑了一阵子，因为受不了老妈与外婆几乎每天的逼问，"好好的为什么突然不结婚？不是交往得好好的吗，干吗要后悔……"小敏只好全盘托出对方有外遇，没想到说了之后责怪更多："有外遇？外遇对象是谁？做什么的？男朋友一定是跟你在一起太无聊，所以才会有外遇……"

母爱的伤，也有疗愈力量

"我哪里知道啊！我忙着处理自己的情绪都来不及，哪有办法应付她们的八卦和无尽的想象？"小敏在回忆这段经历时忍不住大叫起来。母亲那边已经默认未来的女婿，不能想象煮熟的鸭子居然会飞。

她们单纯地相信，既然在一起就要结婚，而且一定要结，可以有交往好几段感情的丰富情史不在她们的认知范围内。

母亲想不通未来女婿为何这么做，于是只好试着在小敏身上找答案——也许她不够温柔，不够好，所以留不住老公。一直以先生为荣，认为自己不重要的母亲，常常会这样教育小敏：

- 女孩子不能未婚先孕。
- 老公不能帮老婆洗内裤，这样很过分（倒过来却可以）。
- 女人赚的钱少，所以要做家务。

小敏的母亲是传统家族里的长女，基本上是按着外婆的期待长大，极尽照顾弟妹的本分但不快乐，因为她只有被要求而没有受到呵护；不过小敏母亲做过一件不那么传统的事，就是小敏的父亲是她自己看上的，而不是通过外婆安排的相亲而结婚的。

第三章 ● 成年之后，理解更多，重建关系

母亲虽然也尽力教育小敏成为另一个懂事的长女，但小敏喊停的这段感情似乎也唤醒了母亲体内不肯完全认命的成分。

女儿执意放下 30 岁就要结婚的束缚，拒绝长辈的介绍。小敏的母亲看着女儿一点一点地改变，虽然不懂女儿到底在坚持什么，但她感受到了女儿不想依赖他人的力量。

小敏告诉我，她在彻底分手后，去学了空中瑜珈，独自去旅行，做了三份兼职工作（原来只是为了疗情伤设法把自己弄忙，没想到愈做愈喜欢），渐渐地，痛苦减少，笑容变多。有一天她母亲突然对她说，她想去补习学校重拾学业了。

她的母亲过去常认为自己读书不多，并因此自卑，做个尽责的家庭主妇只是出于本分，她没办法肯定自己，所以一直想在小敏结婚后帮她照顾外孙，这也是她该尽的义务。

由于小敏结婚的事泡汤了，母亲开始思索不带外孙的日子该怎么过。她想念书的想法受到小敏进一步鼓励："你不会的，我可以教你。"也许小敏的勇气鼓舞了母亲，辛苦大半辈子牺牲掉的东西，是可以补回来的。

现在小敏的母亲已经入学几个月了，她很努力地学习，并开始担心自己能不能如期毕业。她们母女比以前更亲密，是两个独立的人可以互相鼓励支持的亲密。我很羡慕这样的母女关系。小敏有着与我相似的经历，却有不一样的结果，只能说我母亲的观念已经根深蒂固，而我也不愿意多花时间顾及她的感

受,以至于我们俩终究是两条平行线。

只要让步就没有冲突

每个女儿自有一套应对母亲的方式,对我来说,不回应就是最大的让步。

过去的我像大炮,只要一听到不合理的要求与说法,就急忙辩解与驳斥。母亲刚烈的个性无法接受这么赤裸裸的挑战,所以我俩之间常常硝烟弥漫。

母亲大概常被我气得七窍生烟,因为我连一点余地都不留,即使我能忍住不回嘴,也必定满脸不屑、头也不回地离去。我学了心理学后,知道同理心的重点不在于迁就别人,而是放过自己,就渐渐地让自己不要总是逃避母亲。我开始不再那么激动,而在态度上让步。

但让步不是接受,而是消极地不配合。我无法接受你的观点,但我不在当下表态已是顾全长辈的颜面,这已经是我能做到的最大让步了。

母亲以前因为无法辩过嘴尖齿利的我而气急败坏地说"我这么做都是为你好""你就是要听我的",到后来便放弃了,因为再说什么都没用。我什么都不愿听她的,宁愿自己去摸索,刻意与她相悖。她怪我是最会顶嘴的孩子,却也无可奈何。

第三章 ♥ 成年之后，理解更多，重建关系

母亲到了晚年，对我的态度便少了愤怒，多了一些和颜悦色，部分是她的宝贝儿子长大后并不如她预期的顺她心意。弟弟娶了老婆之后，她不得不认清"儿子已是别人的"。这也让她开始回头注意我这个会回家的女儿。我从顽劣的女儿变成母亲偶尔可以诉苦的对象。

看起来我们已经休战了，彼此虽然还不认同但不再争吵。我可以倾听但不给意见。我懂得母亲的辛苦，也对她执着多年的想法依旧不能被撼动感到无奈。那就这样吧。

对我来说，这份关系到了后来，情绪必须抽离，才不会因为母亲的诉苦而有太多波动。母亲渐渐地像我的咨询个案，当她向我倾倒情绪垃圾时，我只能不介入、不主导，除了倾听之外什么都不做。与个案不同的是，我不能单方面结案，不能喊停，不能拒绝，也改变不了什么。

母亲去世半年后，我在门诊遇见一个比母亲小一岁的长辈。她的发型与长相有四五分像我母亲，我的心好像突然被揪了一下，那愁苦的表情更有七八分像，这位母亲与我的母亲，她们的人生似乎都是无法挣脱的网。

17 如何在关系中喊停

设下止损点，停止被剥削与踩踏

高教授是个很棒的典范，为了保留隐私暂且这样称呼她。她花了许多年才让自己站稳，她二十多岁时就看精神科，脆弱的婚姻摇摇欲坠，几乎压垮了她，工作上又险些被辞退。还好她不想放弃，很努力地寻找解脱之道，终于在十多年后摆脱药物，真正让心平静了下来。

我分享她的故事是为了给有类似遭遇的女儿们一些勇气，下定决心，拿出行动力，让她们这些年的辛苦有价值与有意义，没有白白付出。

高教授的故事是个"白手起家"的故事。所谓的白手起家，是指她一路走来没有得到任何原生家庭的支持。她的父亲很早就过世了，母亲依赖哥哥生活，两个姐妹很辛苦地在社会底层挣扎。她在家族中的学历最高，工作最稳定。

这绝对是励志的故事，不是因为她拿到高学历，而是她通过读书获得自我价值，得到力量。因为她对人有信任危机，无法建立寻常朋友的社交网络，只能与自己共处，唯有通过阅读、听心灵成长讲座、参加各种疗愈课程（在团体里她也不主动，想当一个安全的边缘人），得知有许多和她类似遭遇的人默默地生活在各个角落，她就不再觉得孤单了。

不能说的秘密：高教授的故事

高教授在小时候就被哥哥性侵，约从三年级到五年级这段时间。

详情就不说了，那对于幼小的心灵到底是怎样的创伤，也有幼女的我连想都没勇气往下想。她告诉我，她以为哥哥只对自己下手，没想到在逃离家庭之后，发现姐姐与妹妹都是受害者，但当时伤痕累累的她根本无暇和姐妹们一起疗伤，大家都是各自承受。早在事情发生之初她就告诉母亲了，但母亲拒绝相信。幼小的她又不知道该怎么措辞才能表达性侵这件事，也许表述的力道不够、用词不够精确吧，母亲叫她不要乱说，她只好闭上嘴巴。

母亲是传统思维的受害者，一味讨好家中唯一的男人——

长子，因为他是母亲老后的依靠。后来她终于受不了，小小年纪就准备叛逃（说小也不小，受过伤的孩子马上就长大了）。小学五年级那年的某一天，她到老师家做客，之后就再也不肯回家了。老师似乎也感觉到了某些异常，于是也默默地让她住下来，一直到升中学之前她就寄住在老师家。

"老师一定知道些什么，但我不想问她。也许她问过我妈，也许没有。我不想去问，是因为我猜得出答案，如果那答案说出来会很伤人，还不如不问。我很感激那位老师的接纳。她不逼问我什么，那时她的子女都已成年，搬了出去，有空房间给我住，而且她也有很多很多书，我想我喜欢阅读这件事应该是从那个时候开始的。"

母亲默许了女儿离家外宿这件事，也给了该给的生活费，但母女俩很有默契地不提这件事，仿佛不提就没有发生过。不过偶尔她还是得回到那个家。逢年过节，某个家人过生日，仍要演一场家庭和谐的戏。她很尽力地配合演出，也认为这样对大家最好。

她唯一觉得不忍的是，她的姐姐和妹妹似乎无法真正逃离，每次家族聚会必定很顺服、很配合地出席。高教授很心疼地说："我觉得她们都被我妈洗脑了，认为配合我哥才是对的。"妹妹更是直到现在都与哥哥生活在一起，像母亲一样非常依赖哥哥过日子。妹妹结了婚后又离婚，回到这个最初伤害

第三章 ● 成年之后，理解更多，重建关系

自己的地方。

姐姐中学之后也逃出家，不过却没有她幸运，一个人在外面很辛苦地生活，也没有固定的居所。她只知道姐姐最近在当洗碗工，有时还必须仰赖娘家的接济。而她，在哥哥也失业之后，成为唯一有能力接济家人的人。

情绪的苦，身体最知道

很诡异的是，这些年姐妹们纷纷得了癌症，她也长了肿瘤，免疫系统也出了问题，三年内开了六次刀，被迫停薪留职一年。这一年她终于有机会好好面对自己。

原以为只要继续消极配合，在家人需要经济支持时出手帮忙，维持看似平静的互动也没啥不好。后来她拿到博士学位，有了一份稳定的教职，她居然又得了抑郁症，没来由地悲伤、沮丧，觉得自己好没价值。

原本认为家庭和谐才是对的，自己的感受不重要，在得了这些病之后她开始反省自己为什么会变成这样。身心的抗议那么明显，再也不能假装听不见。如果不好好面对，那么接下来的可能就是死亡。

高教授开始内观自己的感受，找了很多有关性侵伤害、童年创伤的书来看，也试着寻求宗教慰藉，并参加了一个小型

性侵被害人的团体，从静静地聆听其他人的故事，到开始能够向家人以外的人诉说感受，她第一次觉得过去的自己并没有做错。

她开始不再那么配合地出席家庭聚会，尤其是有哥哥在的场合；她拒绝参加的次数越来越多，到了近一两年就完全不愿意出席了。

"他是加害者，一想到我必须和加害者在一起我就浑身不舒服，我不想再生病了。"自我保护的机制终于启动，过了那么多年她终于想维护自己的感觉，并把这摆在比维护母亲更重要的位置上。

母亲无法接受女儿的独立和改变，开始焦虑不安，三不五时地找借口说自己生病，骗她回去探视；过年过节时找借口塞红包给她，说是哥哥给的，试图把这个女儿拉回病态的家。

母亲越是这样做越引起高教授的反感，她再也不能对母亲有一丝尊敬了，每次与母亲难得的会面都会发生激烈地争吵。之前只求和谐就好，后来那些不甘心越积越多，"我本来想说母亲年纪大了，她想讨好儿子是她的自由，我跟她保持距离就好。但我老是做恶梦，梦中都是在躲、在逃避。我想面对，不想再姑息这一切，至少我想把话说清楚"。年幼时说不清楚的话，现在她想找机会说清楚。

不说还好，越说越沟通不了，两人的价值观是平行线。她

第三章　❤　成年之后，理解更多，重建关系

说自己被侵害，母亲不断闪烁其词，认为哥哥只是摸摸而已，是女儿想太多；她说被侵害的次数多到数不清，母亲对此则直接忽略，说那已经是很久以前的事情了；她想把话说得更清楚，结果搞得自己更恼火，她始终得不到自己想要的公平与正义。

这样的母亲在过去无法保护女儿，现在又无法维护女儿，那么女儿就该自立，不能再等待母亲不能给的爱，把焦点放在自己身上，才不会失去爱的力量，不会浪费自己的爱。

她与母亲最近一次通电话，母亲又故态复萌，要她出席哥哥的女儿的婚礼。"开玩笑，我怎么会去？我只是我妈炫耀的工具，我出席的话她会很有面子，因为别的亲友看到我们一家子和谐，看到我那么有成就，她多引以为荣……如果她真的疼惜我，怎么会让我一再受伤害？我再也不想玩这个游戏了。"

母亲选择牺牲高教授的感受来保全哥哥。在她跟母亲谈当年的创伤事件时，母亲总想以塞钱的方式来安抚她，还说这钱是哥哥给的；但她不相信哥哥能够反省，哥哥甚至不知道母亲背地里塞钱给她。哥哥的钱？他哪里还有钱，还不就是自己给母亲的生活费吗？

给钱就能粉饰太平，就此结案吗？母亲为了说服她收下钱，甚至会表明姐姐和妹妹也都拿了。这是遮羞费吗？她觉得好悲哀、好可笑，母亲用这招逼迫困顿的姐妹屈服，让她们处

于长期的控制中，母亲也是个不折不扣的加害者。

"这一次我逼问她，我的伤害是真的，哥哥就是做错了，让她再也没有借口，她跟我说那她替哥哥说对不起……她要怎么跟我说对不起？她为什么要跟我说对不起？该说对不起的人不是她，凭什么她要替那个人说？"

这让我想到在某些社会新闻中，凶手的父母会代替凶手向被害者家属下跪磕头。那画面也让我觉得好荒谬，真正的凶手永远不觉得自己有错。

我不担心高教授的生气与失望，身体需要这种程度的发泄，至少她不再压抑自己的感受。发泄出来之后，她居然没有睡不好，而且身体也没有不舒服，第二天情绪上也平稳，不自责。

我十分支持她顺着自己感受走的做法。只要她母亲一靠近，她就会有种种的身心不适。身体与感受如此诚实，诚实到真的无法睁眼说瞎话，说不出自己"没事""还好""还可以"那些骗人的假话。

第四章

当自己也成为母亲

……

18 老女儿的旧伤痛,漫长的疗愈过程

我曾在母亲过世第二年的母亲节前夕,在"脸书"上写下这样一段话:

也许是最近母亲节送礼的广告太多,让我脑中常浮现某个场景。那年我正在化疗,年底的年会上抽到张医师的一份燕窝礼盒。我舍不得吃,喜滋滋地拿回家给同样在化疗的母亲。没想到她看了一眼,嘴一瘪,说:"这种碎碎的、零散的燕窝的质量也不怎么样。"她在期待我那贵妇阿姨说要送的整只燕窝,习于炫耀的阿姨会说那有多难得、多名贵。我很受伤,自此回娘家都不想再看那礼盒一眼,以至于后来那盒燕窝到底下场如何,我也不知道了。

过了一年了,我还在疗伤,大师说这样其实很正

第四章 ♥ 当自己也成为母亲……

常。不过我想，我再也没机会受伤了，从此以后我要过开心的母亲节。

都过去几年了，偶尔想起我的心仍会有刺痛感，有时仍有受伤的感觉，有时又不免责怪自己怎会如此计较一盒燕窝，怎么会和一个癌症末期病人计较？

后来我发现自己仍旧无法忽略受伤、生气的感觉，燕窝不是重点，癌症末期也不是重点。看到佐野洋子的《静子》（静子为洋子的母亲，台湾无限2014年出版）一书之后，我深深地觉得自己的感受真的有人会懂。书中写道：

> 我有半辈子的时间一直认为，母亲与女儿一定是特别亲密的关系，可是只有我，只有我讨厌母亲。后来一问，和母亲处不来的女儿，就像逼迫小狗到处挖宝的坏心老爷爷挖出的一堆脏东西，数量多到难以想象。

她憎恨母亲，又懊恼自己不该恨，所以把憎恨母亲的女儿比喻为"脏东西"。佐野洋子是长女，一生都活在没有好好照料母亲的罪恶感之中，直到母亲开始失智、连女儿都不认得时，她才开始试着原谅自己。可我是"次女"，没那么多"不能这么做"的包袱，我只有"想这么做"，然后就去做，即使受到母亲的责骂或奚落也不管。从选择要念的科系到要过一生的伴侣，她都无法影响我。我没有愧疚，只气她不支持、不了解我。若干年后，有一次她用平静的语气说："你的个性就跟你老爸一样，很坚持。"

她这么说，算是默认了我的倔强。

我们还是两条平行线，而且年岁渐长，想改变对方是不可能的。我花了许多年让母亲逐渐习惯我挑的伴侣、我的婚姻，我也习惯了母亲的价值观，适当的时候让自己视而不见、听而不闻，避免争吵，表面上炮火渐熄，因为此时母亲的生命已悄然走到尾声。

家庭与身处家庭之中的个人会面临许多问题，而这些问题都因为情感与角色关系而变得复杂，每个家门内都有不足为外人道的辛苦，所以这也说明了我的企图：我想说出许多人明明已遭遇却不愿意面对的问题，看清家庭中的脆弱与坚固的结构分别在哪儿，然后再回头看看自己的脆弱与坚强。尤其随着年岁增长，我假设自己可以成熟到处理更多的脆弱，不断调整自己的脚步来面对。

根据家族治疗的心理学理论来看，必须将以前的情绪包袱做个转换，重新审视这些事情带来的想法、情绪，重新用另一种角度来解释、观察，才有远离痛苦的机会。

第四章 ● 当自己也成为母亲……

我从单纯的女儿身份,进阶为他人的妻子、母亲、媳妇,每进入一种角色,总是会让我反思:当我和母亲拥有一样的角色时,我的心情、处境会像她一样吗?或者,拥有不同个性的我,会有什么不同的结果吗?

还好没有遗憾:带母亲去旅行

有一本书叫《带妈妈去旅行》(台湾版,2014年),这本书的作者在其母亲于短时间内经历失去自己母亲和先生的痛苦之后,为了能让母亲每天都可以有笑容,于是在母亲的花甲之年规划了与母亲的"环游世界之旅"。很多人不解,甚至很佩服他"愿意"带着母亲旅行,但他说:"我没理由不和像朋友、恋人一样珍贵的母亲一起旅行啊。"

是啊,母亲只有一个,只是当自己可以背起行囊时,很少有人会想到要带着自己的母亲。

我常反省许多事,有些是无可弥补的遗憾;但同时也庆幸许多事,包括曾经带老母出一趟远门,到她想都没有想过的国度。虽然当时她心不甘、情不愿,但若干年后却成了我与母亲之间难得的可以有交集的话题。那是母亲去过的最远的国家,坐了二十几个小时的飞机很折腾,但她回忆起来却不以为苦。她有时看着电视上的旅游节目会说:"啊,我也去过竞技场。

啊，好大，爬起来好累。""你看你看，那个清真寺就跟我们去的一模一样。"

我的无心插柳与《带妈妈去旅行》的作者的有心大不相同，但"没有遗憾"这个部分是相同的。我很庆幸当年没有太任性，可以保有少数极珍贵的和母亲的回忆。

当癌症末期的母亲入住安宁病房时，她没有受太多苦，我已经比年轻时更成熟，考虑较多的是怎样治疗对母亲最好，放弃积极的侵入性治疗以减少母亲的痛苦。现在想想好庆幸，但这已经是后话，母亲已经无法感受到了。

30岁那年我出国的地点是土耳其。我没有太多本钱，又想去一个回来可以炫耀的地方，全凭感觉选了异国氛围浓厚的土耳其。我胆子不够大，但是找不到伴也不想找伴，于是我参加了一个口碑、服务都不错的团。

母亲知道之后，居然表达出想跟我去的意愿。平日与母亲八字不合的我，可能被兴奋冲昏了头，居然随口就说"好啊！随便"。母亲变得比我还要兴奋，马上将钱与护照交到我手上。

我开始后悔，明明是自己的心灵之旅，怎么变成了孝亲之行？（虽然母亲自己负担旅费，跟我没关系。）我觉得自己找了个麻烦，旅行还没成行就预告了这是变调的曲目、走味的咖啡，不好玩了。

记得我们从出发时就开始吵架。在机场里，不熟悉流程的

第四章 ♥ 当自己也成为母亲……

母亲紧紧地跟在我旁边，她有很多不懂的地方，不断地问我，问得我很不耐烦。不懂事的我无法理解母亲出国时的紧张，只觉得母亲真的没见过世面，这个、那个，通通都不懂。倔强的母亲不再问我，生起气来。在我兑换完外币准备离开柜台时，柜台小姐把我叫住："这是不是你们的证件？"我发现母亲居然粗心到把护照、机票随意放在柜台上，走了也忘了拿，不禁恼怒起来："这么重要的东西为什么不收好？丢了就不用回国了！"事隔多年我无法原景重现，不过想必自己是表情扭曲，音高八度，横眉竖眼，我那时还没修炼到体贴老人家的境界，如今想想真是不孝。

母亲当年没机会出国，不懂国外的风土民情，未有过机会长见识，以至于被当时自认为有见识的女儿冷嘲热讽。

"妈，你又在干吗？"我的母亲居然用汤匙一勺一勺地喝咖啡，一到饭店大厅看到厚毛地毯就脱鞋，这让我这个女儿觉得十分丢脸。

我有一位表亲在旅行社担任高级主管，是家族中最会赚钱的人，成就也最高。当她在台北独自辛苦打拼时，她的母亲去世了。她母亲是一生都在乡下务农，忙于照顾家人的传统妇女，从来没有出过国。

女儿功成名就，可以到全世界的知名景点、精品饭店到处走时，母亲早已没有机会参与、目睹这一切。做女儿的没机会让母亲做个水疗美容与养生，洗洗温泉，吃异国餐食，看到母亲惊讶与享受的表情。

我愤愤地向她抱怨在国外和母亲相处的不愉快，她听完后幽幽地说了："你还能带你妈出来玩，我想带我妈出去玩都不可能了。"

因为自觉那次被母亲绊住了，"不算玩过"，隔了两年我又去了土耳其，遂了自己的愿，是和好友一起去的。

我想母亲应该也"很难忘"那次旅行吧，至少在去世前几年，偶尔回忆起那次旅行，她聊起来仍是兴致勃勃。有时为了帮她打气，让她转移注意力，增加活下去的动力，我都会指着电视上的旅游节目说："你看，还好你去过土耳其，坐了二十几个小时的飞机啊！太强了，没几个老人做得到啊。"其实我说这话的同时很心虚，因为我曾经想把她丢在机场啊！

没出过远门的母亲在那唯一一次的远行里大开了眼界，在那遥远的国度没有熟悉的闹哄哄的观光团，甚至没听到几句中文。"对啊对啊，我跟以前的同事说我去了土耳其，我同事还在那里不懂装懂，说什么'喔，就是那个有很多金字塔的地方'。哼！不懂就不懂，还插什么嘴！"母亲还能奚落知识比她更不够的家庭主妇，这对她也是一种成就，且稍减了我的罪恶感。

母亲去世前一年，我和姐姐带了母亲与她疼爱的小外孙女

第四章 ♥ 当自己也成为母亲……

去了一趟日本名古屋、黑部立山,想让她在有可爱孙女的陪伴下再尝出国乐趣。那时的母亲已经渐渐不行了,骨瘦如柴、体力不继的她玩得很勉强,多半只能在游览车上休息,食不下咽,不能称之为玩乐了。

我没有想到,当初最不情愿的一次旅行,竟然成为我们母女最重要也是最难忘的回忆。

19　新的亲密关系：在过去中学到的事

与其他家人的关系

这些年我与父亲较为接近、亲近，是因为父亲还在而母亲已经不在的缘故吗？因为母亲不在了，所以我想弥补，是这样吗？

我想不是的，我不只是每周义务性地去看父亲，担心日益苍老的他独自在家会忘记关门窗、煤气等，而是真的感受到他对我无私的爱，这爱甚至可以让他克服重男轻女的偏见。我没机会让母亲改观的，这次有机会在父亲身上重来一次。以前的那些不满与愤怒随着光阴逐渐淡去。

时间可以沉淀许多记忆，原先在意的事情渐渐地不再重要。以前我在意的是自己如何被对待，现在则在意自己还有什么没有做，还有能力做的不可再错过。

第四章 ♥ 当自己也成为母亲……

结婚以前我人虽住家里，心却不在家。我认为家是父母和弟弟的，甚至是和姐姐的，而不是和我的。我认为我这个不受关爱的女儿，做什么都被视而不见，无足轻重。

婚后开始一点一点地回想许多事，开始推翻以前因为憎恨而扭曲的记忆，父亲的形象也一点一点地翻盘，由黑转红。其实老爸一向"使命必达"，只要我央求他买的东西（当然我会有分寸），几乎不会落空。

最早的印象是大约小学三年级时，某天我想要买一本关于动植物的百科全书（此事前文已述及）。买书父亲向来是不会拒绝的。下班时他果然带了一本三十二开的小书回来，虽然不厚，对我也够用了，并附加一本杨唤诗集《水果们的晚会》。这两本书一直被我保存到大学，虽然老弟的捷安特自行车与我这两本书的价格差很多。

在我年纪更大些时，父亲第一次赴大陆旅游，我随口说请他帮我挑支毛笔，另外观光名胜地区的拓碑字帖也不错。结果父亲回来时，除了毛笔、字帖，还带了一大张货真价实的石碑拓本。我心里很讶异："真帮我买了拓本啊，我只是随便说说而已啊。"

没想到我年纪越大，要东西的脸皮越厚了。

虽然都跟钱有关，但我以为钱不是重点，贵在有心。老爸看起来不苟言笑，每次向他开口连个"嗯"都不回，话倒真的听进去了。等我嫁出去后，每每打着帮孩子要零食的名义，向去日本旅游的父亲要东要西，像是机场一定会有的"巧克力马铃薯片""薯条三兄弟"，父亲一定照单全收，连姐姐都笑着骂我"欸，你很敢要耶。"我说："当然啊，我想让老爸有成就感！"

当年我认为的老爸对我不公平、重男轻女，说不定是因为他不知道如何应付女儿的需求，不懂得女生的好恶与心思。他可能认为那应该是我母亲负责的。

有一年我要换房，一买一卖之间少不了资金周转。我忖度卖房子的钱还没拿到手就必须先支付买房的钱，手上现金不够，于是某日回娘家时就对父亲开口挪借四十万。父亲只问了我的转账账号，一句话都没多问。我忙着解释月底卖房的钱下来马上还他，父亲却挥挥手不在意："不急，你有再慢慢给我就好。"倒是人在厨房的母亲，听到我似乎在向父亲借钱或要钱，马上急急地冲出来骂我："你都已经嫁了，别再回来讨钱！"

那是她去世的半年前，母亲那句气急败坏的话又重伤了我一次。我是个嫁出去、已然不属于她家人的人啊。当她重病意识不清时，家中的存折、密码理所当然要托付给弟弟，还有姐姐，唯独漏掉了我这个其实每日都在病房的女儿。

母亲经历过太多亲族基于金钱的背叛，于是对金钱如此没有安全感。她学到有血缘关系的未必可当家人，于是她执着地挑选可靠的家人，嫁出去的、尤其又嫁了外地人的女儿，连同不可信任的外地人一并被排除在她的信任圈外。

于是我更深切地认为，对子女的爱一定要无私，不基于任何有形的或无形的目的；今日的付出绝对心甘情愿，没有条件交换，没有牺牲。我知道许多母亲并不要求金钱回报，但对情感的需索有时更令人想逃。"我就是为了你才……所以你更要……"她们要子女"看见"并体谅她们的辛苦，让子女承受这无法承受的重。

在对子女的付出上，我的婆婆就是个无私的人。

她常自谦自己没念过什么书，只爱打牌。她的大度与母亲的凡事计较不同，假日饭桌上的菜肴是以脸盆大小的容器盛放的，分量多到足够还能再装好几个饭盒。

赴婆婆家吃饭，我常有的反应是："哇，过年了、过年了，这么多菜不是过年是什么？""我最爱这个红烧肉了，我要先装一个饭盒。"婆婆总是笑咪咪地回说："哪是什么过年？就是普通的菜而已。"我第一次尝到婆婆的红烧肉很兴奋，后来就算每周回婆家饭桌上都会出现红烧肉，我也甘之如饴，那可是爱啊。

从母女关系到婆媳关系

有时候想，老天真的挺爱开玩笑，给了我这样水火不容的母亲，又给了我一个比母亲还亲的婆婆。经过了母女关系试炼的比较级之后，婆媳关系于我已经是小事一桩了。

关于婆媳问题，我在门诊已听到泛滥，周遭朋友的抱怨也不少。有个朋友激烈地抗议自己的婆婆：婆婆住在对门，有他们家的钥匙，假日早晨会蹑手蹑脚地进他们家，直达房内，把未满周岁的宝宝抱走，理由是"可以让你们夫妻俩多睡一会儿，不会被宝宝吵醒"。这不是很好吗？我想。"好什么？她怎么可以就这样进我家？不用尊重我们吗？她怎么可以就这样把'我的小孩'抱走？"朋友气呼呼地说。

"看你用什么角度来看啦！"我这样回答。对长辈来说这是金孙啊，孩子若分你的我的，恐怕很难有什么信任关系。我不认为现代母亲可以什么都自己来，我们也会有需要长辈协助的时候。遇到这个时候我是不会客气的，我很乐于把小孩丢给长辈，然后完全信任她，她要怎么喂小孩、如何穿衣吃饭都尽量不过问。

有个男性朋友说，因为"未来丈母娘"要求新居也要给她一套钥匙而婚事告吹，理由是："这是我的房子凭什么给她钥匙？她要来我当然会让她来，但她不能随时想来就来啊。"

我想起婆婆那边有我家的钥匙，我们两家的距离骑车只要五分钟，那钥匙是我们拿给她的："你自己进来，按门铃还要跑去开门很麻烦。"有时冰箱里的水果明明快吃完了，第二天却自动被补满苹果、番石榴。我又想起自己的母亲从未主动来过我结

第四章 ● 当自己也成为母亲……

婚后的家，若不是跟着父亲来"做客"，她自己是不愿意来的。

我让自己学习并理解别人关心我的方式，这是从我母亲及婆婆身上学到的事。

想成为不一样的母亲

当我成为母亲时，我知道我是一个不一样的母亲，我是个想要随时说爱、随时拥抱的母亲。

没照我母亲意思行事的关心，在她看来都不算是关心，到后来我已经迷惑，到底什么是她想要的关心？所以我决定要让自己的关心可以被孩子接受，也提醒自己要把接收器全部打开，全盘接受孩子的一切。

我要把女儿随时搂在怀里，想搂就搂，想亲的时候就亲，告诉她们我好爱她们，而且确定她们已收到。没有牺牲奉献那一套，我因为爱她们而去爱，不需要她们的回报。

我喜欢什么事都不做，看着两个女儿玩玩具，玩角色扮演，说话给自己听。有时手里正做着家务，听到她们唤妈妈，我也会丢下手边的工作去瞧瞧。她们可能是想起某个与同学说的笑话，或者完成某张画作，急着和我分享，我希望她们需要我时，我就可以立即出现，而不是自己忙着刷手机或看书报、上网。

母爱的伤，也有疗愈力量

我常凝视她们，找寻相似的五官特征，并赞叹生命的奇妙：脸孔果真可以复制，神韵也是。看着她们细致粉嫩红扑扑的脸颊，闻着她们身上甜甜的香，我不解怎会有人不想亲自己的小孩？要么必须十分忍耐而克制这样的冲动，要么就漠然到早已失去了爱的感觉。

小孩在母亲节前夕，总有一个应景泛滥的活动，就是"在学校打给妈妈说'我爱你'"，另外就是在联络簿上画出表格，里面注明一些需完成的项目，其中包括"每天抱妈妈""每天亲妈妈"。当小孩拿回家要填写交差时我笑说："这种作业不够细耶，我们家应该问的是每天'抱几下''亲几下'才对。"

从我开始，我家的亲亲抱抱是再自然不过的事了，不过在一开始也会觉得肉麻："你们是亲不烦啊？"这多半是不习惯的尴尬。但我们已累积了默契，只要有人一噘嘴，另一方便很自然地把嘴也凑上，小啄一下。孩子还小时，我也要她们与外公外婆吻别。一开始孩子的嘴巴凑上去时，我的父母显得极不自然，急急地把嘴别开说："亲脸就好了。"经过几次练习，他们很快习惯，被小啄一下时尽显慈爱的笑容。有许多过去找不到出口的爱，在有机会重新温习时就能很自然地流露出来，没半点尴尬。

当年的母亲无法全心看顾我，她自己的心事已经乱如麻，除了日常生活需要的基本满足外，无法给我更多。我虽然没啥

第四章 ● 当自己也成为母亲……

蛀牙，不过牙齿长得歪七扭八，视力也不好，因此，我在老大老二还很小的时候，就格外注意她们的视力与牙齿，定期检查自是不用说，人在医院工作不可能会漏掉。我想起我自己早在小学三四年级的时候就和母亲说看不清黑板上的字，母亲总是责怪我电视看太多，不愿带我去就医；五六年级时我的位子被调至第一排，黑板上的字仍模糊一片；到了初一时父母终于肯带我去眼科验光，一验下来不得了，我第一副眼镜就六百度。医师惊讶地责怪父母，为什么拖这么久才带我来配眼镜，从此以后我的视力江河日下，直到突破千度大关，幸好千度之后开始老花，视力恶化趋势才稍减。每每想起此事，我总是无法原谅母亲的忽略。

如果没有弟弟，母亲是否愿意早点带我去配眼镜？

母亲老的时候慈爱开始涌现，尤其对孙子辈，与女儿的冲突无可消解，但与新一代却可以重来。两个乖巧机灵的外孙女令她开心，还好她们都是讨喜的孩子，为晚年的母亲带来许多生气。当然，她也为自己的细心照顾而感到自豪，两个孩子白胖可爱。这令费心照顾她们的她很有成就感。但只要孩子生病，我就免不了被念叨、怪罪。

"我照顾都没事，为什么你照顾就生病？"如果是在她家生病的，母亲就会说："一定是在你们家吃到了什么？""一定是你没有给她们穿内衣睡觉才会着凉。"反正千错万错，都是

母爱的伤，也有疗愈力量

我与先生的错。

到了癌症末期，母亲躺在安宁病床上，连两个乖孙女都认不出来了。到最后，母亲连弟弟的名字都叫不出，与世俗一刀两断，干干净净。

小时候的一切已然远去，很多事我都想不起来了，我在家里是怎样的样貌？我是几岁开始自己洗澡的？我是怎么去上学的？像空气一样完全摸不到边，尤其是弟弟出生后的记忆。

我的记忆在高中之后才逐渐鲜活起来。我记得自己如何上学放学，记得在学校的许多时刻，记得是如何喜欢班上的某个男生，如何读书，结交了怎样的朋友。

这些片段记忆提醒我要活得不一样，不再重蹈以前的痛苦。

20　不让自己活在遗憾里

在自己能力范围内付出，不求回报；对自己想要的东西，也可以毫不拐弯抹角地表达，理直气壮地要，这是我从我母亲那里学到的事。

表达需要，不拐弯抹角

努力让家人过得好，以至于自己什么也舍不得要，是很多母亲的样貌。

子女好不容易买了点东西孝敬自己，如果是一瓶香水，就说不习惯擦而收在抽屉里，直到蒸发得剩不到半点；如果是一只名表、一只戒指，就说平常做家务不方便，怕碰坏，也是让它原封不动地躺在精致的盒子里；若是一件昂贵的大衣，那当然更是放在衣柜里，偶尔闻闻嗅嗅，直到有难得的喝喜酒的时候才拿出来穿几个小时。

以上这些东西我母亲通通都有，后来这些她一直舍不得用的宝贝，大件的能烧就烧（给她），不能烧的小物通通用铁罐装起来，放在她的骨灰盒旁边。

母亲怨叹了一辈子，逼自己认命，不敢多要求。家里装修时，她甚至连自己的意见都不敢说。

因为房子不是她买的，装修费不是她出的，即便她出了一部分费用，她也觉得自己太卑微。

但在装修过程中，她又常有安抚不下来的小抱怨，就是很典型的"吃什么都随便，决定了又有意见"那种。

任劳不任怨，无法被满足，当然也无法快乐。需求无法说出口，却怪自己不被重视。

有一阵子我很迷电视节目《超级全能住宅改造王》，我喜欢看房屋装修过后主人一家人惊喜的表情。

令我印象较深的改装案例是，有个阿婆辛苦了一辈子，住在极不舒适的破房子（说好听点是古宅）里，仅有一层的木框纸糊窗早就无法抵挡风雪，厕所当然是在户外。而设计师只是将破房子改装得满足现代人的普遍居住要求，忍了一辈子不方便的婆婆就惊叹连连，直说"太奢侈"了，并怀疑自己是否配得上、可以住得起这样的房子。

为了凸显装修前后的反差，制作单位刻意寻求需要整体大改装的案子，以让人有惊奇感。其他案例里的婆婆也说出了类似的话："太漂亮、太豪华了！""我真的可以住在这里吗？""这么幸福可以吗？"

"这么幸福可以吗？"听到这话我禁不住想哭，我想起了母亲。我惋惜，惋惜她没有为自己争取更多的快乐。我想，她打从心里害怕，甚至不认为自己值得拥有这样的幸福。

家里装修时，她什么都不敢说，问什么都说"随便"，只有在弟弟询问她要哪种床垫、哪种棉被时，才敢稍稍说出一点。也可能她在等弟弟主动询问以证明自己的价值。在她的观念里，她的需求是要家人主动发现的，如果没发现、没主动去做就是不够体贴；如果非要她自己开口要，那她索性就不要了。

这种赌气的测试游戏，我已经经历过无数次了。我认为直白的表达才是沟通的不二法门，我讨厌玩心理游戏。我跟她说过好多次："你想要什么你就直接说，你不说，我们怎么会知道？"

没想到她的反应很微妙："你们应该要自己去看啊，我需要什么，难道你们不知道？看不出来？如果什么都要我来说，那就不要了。"

这是很典型的迂回沟通，子女需要费心揣酌、猜测，我拒绝玩这样的游戏："你既然不愿意说，说了更不高兴，那就拉倒。"无怪乎母亲对我生气，她对我的不体贴生气。

节目里有些老人家并不怨叹，他们会这样说："新家让自己更有动力，要健健康康地活下去，好好享受。"当我听到这样的话时，内心总是激动不已。

理直气壮地付出与争取

对照我母亲的压抑，我最大的反叛就是非常不亏待自己的需求。

当自己搬新家也需要装修时，设计师老弟提出了三种版本的隔间，我看了一眼，马上就决定要其中一种。

因为这个版本把原来三室两厅的格局改成了二室，另一间变成了更衣间。对，我就是想拥有自己的更衣间！这个想法超任性，因为如此一来，势必牺牲掉一个房间，也就是说两个孩子要共享一个房间。

我做了功课，看过那种主卧再加两个小房间的格局，那真是小到不行，摆了床与衣柜之后大概没剩多少空间。如果共享一个房间，可以更宽敞，而且两个孩子都是女生，没什么不方便，那么剩下的小房间一半大小的空间用来做更衣间就可以了，并没有占用太多空间。

我是这样想的，然后就付诸行动。那么，先生、孩子爸的

第四章 当自己也成为母亲……

意见呢？不好意思，他是不会有意见的，从结婚开始，找房子到所有家具布置，通通都是我一人主导，结果通常也不错，所以他也乐得轻松，放手让我东搞西搞。

叛逆女儿与不良妻子接下来又有新花样了：我要一个没有门的厨房。

我的厨房绝对不要门，墙壁打掉，做成吧台式的半隔间，让厨房饭厅成为开放空间，既通风又舒适。那油烟岂不是会乱窜？不用想，长辈肯定会阻止我胡乱改造，但我又不煮大菜，也不卖咸酥鸡，哪来的油烟？况且现在抽油烟机的质量比过去好太多，油烟实在不是我该担心的。我在意的是，厨房不是女人任劳任怨的地盘，不应该窄小闷热到连孩子都不愿进来帮忙。我要家人看见我正在做的一切都跟他们的胃有关，再简单的饭菜都需要洗洗切切，并没有"五分钟做出好菜"这种神话。

我不要当个哀怨的母亲，我要在这样的厨房保持好心情，在这种好心情下做出的饭菜绝对不会难吃到哪儿去。因为他们看得到我做的一切，知道一顿饭来得不易，也愿意来帮忙。

所以这不是我的私心，而是我对整个家的畅想。

每个来我家参观的朋友都笑我："有自己的更衣间，很夸张啊你！"他们在看了看厨房后说："嗯，我喜欢你的厨房，看着看着都想做菜了。"

很明显，我对厨房的要求是从母亲那里学来的反向操作，她是憎恨厨房的，下厨不能给她快乐，那只是喂饱家人的工作。从小我只要靠近厨房就很少不挨骂。母亲是矛盾的，一方面不愿我们进厨房，说去把书念好；一方面又怪我们什么忙都不帮，什么都不会。尤其当她忙起来的时候火气更大，类似"你以后结婚一定会很惨，等着看好了"的诅咒也会说出口。

那个年代的妇女有那个年代会有的无奈，也不是当时年幼的我所能理解的，但从厨房不时传来的抱怨与咒骂，让我对"有她在的厨房"避之唯恐不及。

厨房不是可以联系感情的地方，我学会了对"吃"这件事麻木。为了避免挨骂，我不表达我想吃什么，更不会想去学做菜。

结婚之后正式离开家，搬入新家，我有了属于自己的厨房，很兴奋，什么都是新的，我非常有兴致地泡在厨房里，不为别的，就是想知道自己可以从这小厨房里变出什么东西来。西式中式，我都想弄弄看。有时也会有失败之作，没有发起来的蛋糕、像蒸蛋的布丁、硬得像轮胎的牛排……

不过我学得很快，没多久就能端出像样的四菜一汤。第一次请父母来家里吃饭时，母亲仍旧不愿对我轻言赞美。如果没有其他家人陪同，她甚至不愿独自来找我，因为那是属于我的家、我的厨房。嫁出去的女儿泼出去的水，她仍旧固守她的方式，拒绝与我在厨房里和解。

第四章 ● 当自己也成为母亲……

　　这些年，我不时地从厨房端出好吃的东西，我喜欢小鬼们吃苹果派时说"好好吃"的样子，也喜欢让她们点菜："今天想吃野菇炖饭！"但我不一定会煮，而是想煮的时候才煮，抱着轻松的心情，不愿给自己任何压力而让做饭这件事蒙上阴影。我的家人也学到，对母亲厨娘最大的敬意就是不批评，然后把菜吃光。

　　我理直气壮地付出，也理直气壮地享受，绝不想在家人面前压抑自己的一丝一毫，更不要说是牺牲，牺牲太不健康。

　　理直气壮地享受生活吧，这是我想对所有母亲说的话。

21　不复制破坏性关系

母亲对待孩子,很难不受夫妻关系的影响。当我年纪愈大愈能看懂许多事时,就发现关系从来就不是单一的,而是层层叠叠交错的。

家庭中夫妻关系非常重要,会对孩子产生长远的影响,然而父母却不自知。父母以为都是关起门来吵架,或者自认为不会把夫妻冲突的情绪转嫁到孩子身上。但,事实真的如此吗?为何不问问孩子的感受?

不在孩子眼前吵,不代表孩子看不见;以为吵完架一转身就能对着孩子心平气和,却不知他早已看到你的眼泪,感受到你们的臭脸。

很多为人父母的个案都信誓旦旦地说(我当然不相信),他们跟配偶吵架,不会吵给孩子看,仿佛这样做,就对孩子没有伤害。

第四章 ● 当自己也成为母亲……

孩子已经吸入了有害空气，这个家看起来无害，但实际上毒空气早已渗进孩子的细胞里去了。孩子白天担心着自己有没有做错什么，晚上做着恶梦，欠缺安全感的滋养，因而惶惶不安。

长大之后遇到人际相处问题，交朋友受挫，亲密关系困难，或自我感薄弱，不知人生的意义……孩子无法怪父母，而会怪自己太脆弱，一无是处……这样看来，还要说夫妻冲突不会影响小孩吗？

即使父母各自都很疼爱孩子也无济于事，这只会增加孩子的内在冲突，了解大人原来可以那么虚伪，只是表面上演出和谐的戏码，相互无法尊敬对方。没有了尊敬，父母就失去了角色该有的功能。孩子无法相信虚伪的人能有办法真诚，更糟的是他学不会爱，因为大人没教给他如何爱人和被爱。

我父母的关系

我父母的关系，当然不会是我想要的那种关系。

从小，我的印象中父母一直吵吵闹闹，愈老愈相敬如"冰"。若我没有受过心理学训练，不曾挖掘自己的家庭问题，没有意识到加诸自身的影响，我就有可能继续认为吵吵闹闹是家庭必要的样子，至少他们没有互殴与互砍。

母爱的伤，也有疗愈力量

气氛冷淡到疏离的夫妻关系，实在很难假装看不见。我父母之间长期的僵局虽然会因可爱的外孙女有一些缓解，不过骨子里的问题没改善。在偶尔回娘家用餐时，我常可以见到桌上有两道汤，因为他们各煮各的菜、各炖各的汤。如果厨房够大，那铁定会有两台冰箱，因为他们互相嫌弃对方买的菜很碍眼，常想把对方的菜扔了。

母亲对父亲的失望与怨恨，也让她对我的婚姻充满情绪。因为我习惯为自己泡咖啡时也为先生冲上一杯，有一天在娘家时，我也按照这样的习惯为他冲了咖啡，端到他的面前。没想到这举动在母亲眼里分外刺眼："你干吗要对他那么好？他不会自己去泡吗？"

我在情感上提醒自己不依赖先生，他不是非得要当我的避风港不可，遇到风浪时我得自己去面对，他可以给我情感慰藉，但解决问题仍旧得靠自己。所以当我开始进行化疗与放疗时皆不需他陪伴，不是我够勇敢，而是我就在自己的医院治疗，同事们都可以帮得上忙，不需要工作地点远在一小时车程外的先生特地请假。

夫妻关系只是许多关系中的一种，我们不应执着于其中任何一种来填补生命的遗憾或空洞。我有好同事、有闺密、有孩子，有想追求的兴趣与事业，很富足。我工作不只是因为我必须工作，而是工作可以让我更完整，我可以发挥、证明自己的更多价值。

网络上曾疯传一张"孤独指数表的图片",表里将孤独分为十种等级,第一级是"一个人去逛超市",其次是"一个人去餐厅吃饭",第十级则是"一个人去做手术"。我看到时不觉莞尔,没想到我几乎可以进阶到第十级了,但我不觉得有那么惨。

有过夫妻关系创伤的某个个案告诉我,她住院时她先生爱来不来,就算来了也是刷手机或者是聊表一下心意就走,还不如不来。当她不指望先生来探视、一切试着自己来时,住院变成了真正的休息,他人的探视就变成惊喜了。

活得愈久,愈了解夫妻关系只是陪伴不是羁绊时,那张孤独指数表里的内容看起来就没那么孤独了,甚至是轻松自在没负担。如果夫妻关系都能做到如此,亲子关系就没有理由做不到。

这是我从过去家庭关系的纠结中学到的事——让自己自由,就不会被自己捆绑。

努力不要成为过去的妻子与母亲:小柔的续集

母亲自身的感情经验会带给女儿很大的影响,而且是全面的,这是母亲角色的沉重,潜移默化在女儿身上的体现。

母亲感情经验正向的话,女儿们更容易去信任他人;母亲感情经验负向的话,则提醒女儿们要吸取教训。

母爱的伤，也有疗愈力量

小柔是个外表清秀瘦弱的 20 岁女孩，说话轻轻慢慢的，但从她口中很艰难地说出的母亲，却像个控制她的狱卒。

单亲的母亲照顾着姐姐和她，因为有来自娘家丰厚的经济支持，所以母亲可以不工作。但她从小就像个外人，家里的无线网络她不能用，计算机也不能用（相差两岁的姐姐却可以），若要用就得用学校的，她也没有可以自己支配的零用钱。到了中学时姐姐有了手机，她的母亲依旧不给她买手机。

她是养女吗

外公见她没有手机，就为她买了一部。没想到母亲见到她的新手机大怒，竟把新手机摔烂。小柔一边哭，一边捡回四散的手机零件与碎片，当天晚上就离家借住在同学家。这是她第一次离家，当时是初中一年级。

成长的过程中她非常郁闷，在家里她莫名地被打压，到学校之后她成为脾气坏、难相处的人，有自以为的正义感，如果遇到看不过去的事情，她甚至会和男生打架。

她说得愈多，我的困惑也愈多，不懂她母亲的恨意是从何处产生的。单亲的辛苦我能理解，不过在经济来源不愁、娘家支持系统也很完备的情况下，她母亲哪来那么多的恨呢？

她让我看几张姐姐与母亲私信对话的截图。姐姐和母亲

第四章 当自己也成为母亲……

是一伙的,而她永远也不知道她俩在一起谈的是什么。基于好奇,有一次小柔偷拿姐姐的手机来看,深受打击的她截了几张图让我看,里面的对话是"别让贱人碰钱,因为贱人会乱花","贱人"指的就是小柔!

"有一次我外婆大老远来看我们,那时是早上,我已经去上学了,只有外婆和妈妈在家。中午的时候妈妈开车带她去吃饭,吃完外婆说要帮我外带一份。我妈回说:'不用,冰箱里有吃的,她自己会弄。'我外婆说:'没有,我刚刚看过,冰箱是空的。'没想到我妈……""难道是恼羞成怒?"我说。"对,她恼羞成怒,跟外婆说:'如果你坚持要买你就自己回家。'然后,她就开车自己走掉了。我外婆年纪那么大又没有车,居然就在高速公路上走。后来我们接到电话说外婆出了车祸。我妈听后当天就离开了家,整整一个月后才回来,回来时的样子就好像什么事都没发生……"

她泪眼婆娑地说出这一段往事。连外婆想对她关心都遭到阻挠,她想不通母亲为什么那么对她。等母亲回家之后,她就离开家了,这次她再也受不了了,决心不再跟母亲同住。

我们一起回顾她母亲的恨与敌意的可能来源,渐渐清楚了。从没见过父亲的她说,母亲在怀她的时候离婚了,当时谈的条件是,大女儿归女方,小女儿归男方。孰料小柔出生后外婆心疼孩子不愿意给男方,于是变成母亲独自抚养两个孩子。

母爱的伤，也有疗愈力量

母亲曾不止一次地跟她说："我这辈子最恨的人就是你爸和你！"

母亲的恨意已成病态，离婚时的种种不如意全都算在小柔头上。这个妇人的心生病了，充满仇恨，并加倍奉施加在孩子身上。

我跟小柔说："我只能帮你，帮不了你母亲。她与前夫糟糕的婚姻关系本与你无关，却让你成为受害者。你现在恨她吗？"她说，没那么恨，倒是对她母亲有更多的同情与悲悯。

20岁的她经历过这些，对母亲的体悟像个三十多岁的女人，若要说学到了什么，那就是自此以后她要成为对伤害有免疫力的重生之人。她早就对母亲不抱希望了，母亲什么也不能给她。

瘦弱的小柔内心坚强，很有想法，几乎不需要我带领。我只是提问，帮忙整理，让她更清楚自己的决定。

后来她交了男友，我故意问："你敢谈恋爱啊？你不怕拥有一段亲密关系吗？自己的爸妈那样没有吓到你吗？"她微微一笑，不认为自己会像母亲。

不想被过去的经验打败，她的叛逆竟然能成为复原的力量。努力做到不一样，果然是好的、有用的，过程辛苦，但至少是她一点一滴摸索出来的。人生的剧本开始由她创作，她说了算。

22 如果爱可以重来

能够修复关系真的很好，无法交谈的母女有一天也能促膝谈心，我想都不敢想这样的事。但真的有母女愿意再给彼此机会，换个面貌往下走吗？他们会不会庆幸终于有这么一天，考验过去了？再回顾过去的事情时，他们又会有怎样的情绪，怎样的解读？

我不敢想也没能做到的事，我的个案却能做到，让所有女儿们有机会可以不悲情地继续拥有母女情分。这无疑也令我省思：打了结的关系是有机会解开、有机会重来的。

每次来晤谈都画着淡淡的舒服的妆，穿着夹脚拖、露出美丽法式指甲的年轻妻子瑶瑶，她主要的问题是与先生相处时的不安全感。年轻的瑶瑶告诉我，她也知道不该看先生的手机，但就是忍不住，只要看了先生与其他女人打情骂俏的对话，她就会想象劈腿的种种画面，不管先生到底有没有真的不忠。不断发酵的担心令她辗转难眠，而空虚又让她靠自残来得到明确且痛苦的存在感。

瑶瑶告诉我，她渴望被爱与关心，而且是很明显的那种。不过别误会，瑶瑶不是那种需要玫瑰花与甜言蜜语、孩子气的女生，她要的是心无旁骛的守候。明明已经结婚，就不该和别的女人调情，不该加其他女生为好友，但这标准对许多丈夫来说仍旧太高。

本来是谈夫妻关系，但几次晤谈下来，家庭原貌日益清晰，我开始发现母女关系的影响力渐次浮现。

随着瑶瑶接受治疗的时间增加，她的自残次数的确有所减少，她对自己的感情需求也一次比一次更清楚。当然不只是由于在晤谈室里的省思，更多时候是受她母亲的影响。她开始较多提及母亲。她情绪低落时会去找母亲。母亲会听她诉苦，安慰她，并给她不卑不亢的建议。

听起来是再健康不过的关系了。"若不是我妈陪我，我的心情真的不会好那么快，我也慢慢不再胡思乱想了。"我听到个案讲这句话就放下心来。这表示个案有好的社会支持，可以在其持续陪伴下站起来。

"你跟你妈的感情很好哦！"我随口回应了一句。没想到她急急摇头露出苦笑："你一定想不到我跟我妈以前根本就好像是两个陌生人一样，我长大后我们的关系才慢慢变好的。"嗯，这中间的转折很值得了解，我等不及想倾听。如果这份爱可以重来，相信许多人也可以。

陌生的妈，陌生的爱

"从我懂事之后没有叫过她'妈'。从幼儿园开始我就被取笑是孤儿，我明明有妈妈却没办法和她住一起。我是外公外婆带大的。我妈的感情经历很复杂，包括我生父在内，她一共嫁了三次。我当然会气她竟然抛下我，自己去生活。"

如果按照现在社会普遍的观点来看，瑶瑶过去的家庭应是高风险家庭：生父欠债逃跑；生母也没发挥实质的角色功能；她在高中以前没有一个稳固的家，住在偏僻的外公外婆家。她没有安全感显而易见。

"我上了中学时她再婚，要接我一起住。我们根本就没有感情，要怎么叫她？我根本就不想理她。没想到我继父人很坏，常常趁我妈不在的时候就要赶我出去，还丢我的东西，威胁我不要跟我妈讲。

"我妈是个强势的女人，她因为婚姻不好所以很拼事业，常不在家。我们本就已经很不熟了，她还那么忙。不过当她知道我继父不接纳我、对我很不好时，她就开始因为我与我继父吵架，没多久他们就离婚了。

"我那时当然会认为是我害的，不过我妈一点儿都没有怪我。我知道她有心对我好，就开始喊她妈，但心里还是很气。她只要还是单身，我就得再回去跟外公外婆住，搬了好几次家，换过好几所学校。在她第二次结婚时她又把我接回来一起住。这次的继父好一点，他没喝酒的时候对我还不错，说要让我出国读书，但喝了酒之后他就变了个人，连我妈都受不了。这期间妈妈生了妹妹。

"我虽然喊了妈，不过我们很少讲话、很少见面。我常在房间里不出来，她就算难得回家也看不到我。"两个陌生的家人，长达半年赌气不愿意讲话。瑶瑶的母亲开始每天写字条，塞进门缝给女儿。一开始字条通通被瑶瑶丢到垃圾桶，她看都不想看。

母亲不放弃，继续写字条给她。"我觉得很烦耶，为什么她不放弃？后来我就开始看那些字条，其实就是写一些生活琐事，今天做了什么、心情怎样，等等。她好像知道我把字条留下来没有丢掉，有一次她就在字条上写希望我也写点什么，再放在她桌上。我当然什么也没写。

"过了一阵子，她居然跟我提出要写交换日记。那时我想，天啊！写什么交换日记，莫名其妙，好无聊，她想写就去写好了。"一次不回应，原封不动退回；两次也不回应；三次、四次之后，每次都是妈妈写得密密麻麻，而她只是冷冷地看。

"最近我们在闲聊的时候，我妈说她记得我第一次回应交换日记是什么时候，她很开心，因为我终于也写了。于是我问'那我到底回了什么？'因为我真的想不起来。我妈说，我在上面写了什么什么。"她微笑起来。

那些话对母亲来说如获至宝，至少这是破冰的象征。我想起脾气倔强如我的大女儿，她虽然常顶嘴，却会在母亲节卡片上写"老妈有时也很温柔"等贴心的话。孩子不是没看见，只是心里感受到的不一定有办法表达出来。

用耐心化解对立

瑶瑶的母亲用无尽的耐心来回应，终于让看似冷如冰的女儿融化，将铁杵磨成了绣花针。

母亲复杂的感情关系，也代表女人在追求爱情的过程中所承担的苦。瑶瑶年轻的时候还看不清楚，当她也陷入其中时，母亲就以过来人的角度给予倾听与温暖陪伴。虽然她们因着过去的经验而产生情感上的缺陷，但至少还有机会可以弥补。

因为上一代层层叠叠的感情问题，这让她勉强自己要与母亲不同，追求稳固的关系，即使是过分要求与牵制另一半。她需要忠诚,是因为她太害怕被遗弃。

最后我忍不住问她:"那你原谅你母亲了吗?"

"我早就已经原谅她了。"她回答得斩钉截铁。

即使已原谅,心中仍有说不出的淡淡的怨。我说,保留那一点点情绪无妨,这样可以提醒她自己有多在乎母亲。

至少我对她们未来的关系是乐观的。母女两人一起面对各自的感情问题,更像是战友。同样陷入困境的女儿与母亲互相支持,真的好有意思。母亲可以帮助女儿建立婚姻的现实感,让她从小女人蜕变为成熟的妻子。

我得承认,我自己在感情的追求上没有模板可言,我母亲也无法指点我,甚至让我一度困惑,不知该如何是好。

当年25岁的我想结束自己5年的感情,转而投向另一个更值得去爱的对象(后来他也真的成为我老公,我那外地人老公)时,我母亲的反应出乎意料的大,她大为震怒,不许我与前男友分手,甚至威胁我要脱离母女关系。从来没写什么给我的母亲甚至写了六七页的长信劝我回到前男友身边。

我震惊不已,没想到她竟是为了这样的理由才提笔写信给我,而那不是关心而是伤害。我深深地被伤害了,因为她没有选择站在我这边,而为了一个她认为理想的女婿说话。

"你那么喜欢他那你去嫁他好了!"我说了气话,难道就因为他是本地人、名校硕士,刚考上公务员,我就必须回

第四章 • 当自己也成为母亲……

头吗？

悲伤的我无法完整地看完这封长信，流着泪想了一天之后就撕掉扔了。快要爆炸的情绪让我无法细想，也无法思考，这可是她留给我的第一封也是最后一封信。

我很清楚未来的感情路得自己去走，没有可倚靠的肩膀，没处抱怨，因为她一定会说："活该，谁叫你不听我的！"

所以我有点嫉妒瑶瑶，她有这么挺她的母亲，而我没有。母亲的反应使我更坚定自己的选择：我绝对不要后悔，要为自己的选择负责。

成为母亲后，我渐渐地清楚自己要成为怎样的母亲，自己不想要的也绝不给孩子。我要孩子乐于跟我分享，我随时能够接纳她们的任何想法。如果我做不到，我一定会去思考为什么我做不到。

有时我会对她们说："喂，如果你们以后有喜欢的对象，一定要带回来给我看，不管对方是男的还是女的。"

瑶瑶与母亲的和解令我羡慕，我仿佛从这些和解的画面中得到了部分救赎。原来母女关系的修复是有机会、有可能的，即使今生与我自己的母亲再也没有机会，我仍旧相信母女之间能有爱，而且这爱意在我与我的两个女儿之间实践着。

23 女儿们的故事未完，待续

我的女儿故事看似结束，实则交换了身份延续了下去。母亲其实并未死去，而是在我与女儿身上继续活着，有时某些似曾相识的场景会出现。例如女儿在回应我的时候有某种属于青春期特有的冲动与不屑，我在火气开始上升时会意识到，这是所有母亲的困境，还是我的母亲才会有的困境？我有没有办法做得比我的母亲更好？

至于其他女儿们的故事仍持续上演着。曾被哥哥性侵的高教授依旧得硬着头皮，与母亲边战边走；爱做甜点的小希，则开始向母亲宣告自己已变成大人，挑战母亲的种种规定，例如无视十一点前要到家的规定，偏偏要十一点十分进家门；我要女儿当个乖女孩，她偏偏要在手臂上刺青，而我则努力拉着缰绳让她既可以做自己又不失控。

第四章 ● 当自己也成为母亲……

未来仍要继续

对我来说，通过漫长的学习不仅要疗愈过去的自己，还要学会经营与家人的亲密关系。我的母亲并没有给我好的模板，我不太懂如何拿捏作为一个母亲和妻子的情绪。

什么是我可以依循的标准？人家说孩子可以照书养，夫妻关系也可以照书中讲的来经营。于是我不再相信宿命论，而是相信自己是有能力的。

母亲对我的先生不假辞色，她从来没有想真心接纳我的丈夫。当我们这对将孩子交给母亲照顾、假日才接回的假日父母，要探视自己的孩子时，我很明显地感受到母亲很不愿意他来。有一次我丈夫因为母亲给他脸色看，想提早返家时，母亲竟然说如果没什么事，我也一起回去算了。

我这个连同丈夫一起被逐出的女儿，最后选择与先生共进退。我没法顾及母亲的感受，因为她的感受伤害了我的另一个家人。

我更小心翼翼地关注先生的感受，他何其无辜，尽了自己的本分却没有被肯定，费心安排行程、开车带老人家出游也常换来"其实这里也没什么好玩的"的随意批评，这是许多晚辈们都会遇到的问题。

网络上流传着一篇文章，标题是"父母在等我们道谢，而我们在等父母道歉"，完全戳中我。我不敢也不能祈求母亲的道歉，她也是种种因缘下受苦的人。

我的满腹委屈只有先生懂，平常我得尽力维护我女儿们对外婆的尊敬与依恋，所以她们在的时候我得忍住，不能对母亲有半句抱怨。不过我实在憋得慌，后来母亲不在世了，我的忍耐也露出了马脚。

当老大要去参加小学的毕业旅行时，我理所当然地同意，并交了一笔为数不少的费用，因为她们要去玩三天两夜（公立小学的学生，居然去住五星级饭店，大家都有办法负担这笔费用吗？我又多想了一些）。我好羡慕，甚至有点嫉妒，勾起了旧恨，难免说漏了嘴，恨恨地提起母亲不让我去毕业旅行的陈年往事。两个孩子睁大眼睛很讶异地问："为什么外婆不让你去毕业旅行？""啥，你没有毕业旅行喔？"

"我怎么会知道？我哪知道你外婆在想什么？……"

一说完，我就觉得有点不妙，孩子不可能知道那么多的往事，在不知道的情况下可以接纳她们母亲对外婆的情绪化反应吗？很感谢孩子们的默默体谅，她们没有再质问我，否则我不知道如何招架。

我的个案陈大姐，在自己女儿的成长过程中有了许多醒悟。与婆婆的争执，老公事不关己、不负责任的态度，造就了陈大姐母亲歇斯底里的强迫症状，例如肥皂一定要维持某种形状某种大小、毛巾的挂法等。若是他人不从，她就要谩骂一

第四章 ● 当自己也成为母亲……

气,甚至会飙出"你这个娼妇"这样的话。

陈大姐和其他姐妹长大之后,没一个人想跟母亲一起住。

这样的成长经历让陈大姐吃足苦头,还好单亲的陈大姐有个贴心的女儿。陈大姐告诉我,她以为自己可以和母亲不一样,却没想到自己也犯了过度操控的毛病。

陈大姐的女儿曾经很喜欢吹长笛,她也一心想栽培女儿成为长笛音乐家。女儿从小学一路学到高中,她愈来愈投入与兴奋。女儿每天练习之前,她会主动帮女儿把曲谱架好,放音乐,等长笛演奏的段落出来时就催促女儿:"快快快!快接这一段!拜托,不对不对,这段不是这样,再吹一次……"

在女儿为一场个人音乐发表会决定曲目时,她更是一头热:"你一定要吹这首,这首非要不可。"有一天女儿终于爆炸了,对她大吼:"要吹你自己去吹!"演奏会虽然如期举办,但演奏会之后女儿再也不吹长笛了。

"她曾经如此喜欢她的长笛啊,而且还帮长笛取名字,每天擦拭它,对着它说话。结果那次之后,我再也没见过她碰长笛。我知道是我的错,是我扼杀了她的兴趣。从此以后我们很有默契地再也不提长笛了。"

陈大姐懊恼着。还好,只要认识到自己的过错并且愿意努力改正,没有什么是不可能的。如果你以为接下来的剧本是母女反目,重复过去的错误,那可就大错特错了。陈大姐和她的母亲不同，她有她的做法。她很诚实地剖析自己，连我也汗颜："我是一个有很多缺点的母亲，还好，我女儿愿意给我机会。"

现在她与女儿可以无话不谈，女儿人在国外，每天仍旧与母亲视频，聊些有的没的。有时女儿会说现任男友的床上功夫真差劲，陈大姐还得按捺住自己的尴尬，只是倾听而不敢给意见，心想："拜托，我可不想听细节……"

关系界线进可攻、退可守

个案酷妹告诉我，多年前她母亲发现父亲外遇，身体不适却拒绝去检查，刻意不治疗，并到处说"我随时都会死"，制造可怜形象，借此让孩子听自己的话。20年后母亲在某种机缘下去检查，果真到了乳腺癌末期。酷妹一点都不意外，仿佛这些年来她一直在等这个结果出现。

她知道母亲困在这段关系中太久了，而她如果不想被困住、不想生病的话就必须自救。

还有难得的已经晤谈达两年的个案进修姐，原生家庭中缺乏温暖，她对人没有信任感，虽然因为到处上课而交了一些朋友，不过她不知道该不该相信他们。

这些年来进修姐靠着不断参加各种便宜的公益讲座或大学免费的工作坊课程，用知识来找寻答案与力量。因为她的缘故

第四章　当自己也成为母亲……

我才知道，只要有心去找，相关的社会资源真的很丰富，而且可以不花钱。

两年多来我们谈了许多事，过去的她过度涉入父母的关系问题，也拖垮了自己的情绪。父亲长期对母亲暴力相向，母亲积怨多年，性情大变，恐怕也有精神症状了。而进修姐成长于病态的家庭，早年深受其害，成年之后还要回过头来照顾年迈的父母，常常有心无力。

她对我说："他们夫妻的问题应该自己去解决，我哪有办法？以前我被他们拖下水，什么事情都要找我。现在，哼，我才不要管。我爸现在会跟我抱怨我妈对他凶。我妈这几年的确对他很凶，甚至会在公交车上直接吼他。不过我觉得我爸也活该，谁叫他年轻的时候打我妈，还打得那么凶！

"我还记得上小学的时候我妈被他追打的画面，那是从巷子头打到巷子尾，我妈整个人被打得躺在巷子里，好难看。他是故意打给邻居看的。我也不能怎么样，我那时也会被我爸打啊……直到最近几年我爸才不打她，想是因为年纪大，打不动了，也需要我妈照顾，不敢打了。

"你说，我妈怎么可能不恨他？后来大约是我念高中的时候我妈就渐渐疯了，有时候我妈会突然抓狂，大吼大叫，对我爸无预警地暴怒、嘶吼。这也是我很想赶快离开家，没把前夫看清楚就嫁了的原因。后来想想，我妈被逼出精神病一点都不奇怪。更可怕的是，她的性格也变了，会在大弟面前抱怨我，在我面前抱怨大弟，然后在二弟面前说我跟小弟借多少钱……其实通通是莫须有的事。这几年，因为她背后乱说话，我们姐弟几个感情不好，等到了解真相之后向她质问时，她又会争辩说时间太久忘记了。"

跟这样的母亲相处实在太累，身心俱疲，她既可怜，又可恨，完全不知道该怎么面对她。

"我现在只管把我自己顾好，我顾不了我妈。她的问题是她老公造成的，他们自己去解决。这些年来他们把我几个弟弟宠到不知感恩，一个跑得比一个远。我大弟人在美国，说什么要买房子孝敬他们，孝敬个鬼！说了好几年了，连房子的影子都没有，要是真的混得很好还需要用嘴巴说吗？我妈还信以为真，等了几年没等到房子，跑来跟我这个离婚没钱又带两个小孩的女人诉苦有什么用？我要是跟她一起认真，我就输了。"

进修姐借由心理晤谈的机会更清楚地看清自己。我要做的就是在旁边协助她重新画出关系的界线。早已把她吸干的原生家庭，让她不想理会母亲的决绝心情战胜了不照顾母亲的罪恶感。她可以做到每个月带父母参加一两次游览车的一日游（因为那种纯车游行程便宜，两三百块钱她还出得起），陪伴父母外出走走，让他们心情好一些。但如果平日接到母亲打来企图挑拨家人关系的电话，她就会毫不留情地挂断。

上述提到的个案陈大姐是本书中最老的女儿，她的母亲已经到了需要照顾的程度，虽然还能行动但体力衰退，近期要搬

第四章 ♥ 当自己也成为母亲……

家偏偏又跌伤,于是陈大姐与另外两个姐妹轮流来帮忙。

第一棒是大妹,因为她住得比较近,没想到大妹才去就受不了有强迫倾向的母亲的念叨,她如果不按母亲的意思打包装箱,母亲就恶言相向,于是大妹打了个电话给陈大姐后就走了。接着陈大姐来母亲家,母亲余怒未消,继续对着陈大姐抱怨不断。陈大姐采取的策略是清楚地告诉母亲:"如果你继续抱怨那我也要走。"但母亲仍不停歇,于是两个小时后她也离开了。离开前她打了个电话给小妹,跟小妹说:"我们都受不了了,换你吧。"

结果小妹来了之后,母亲果然不敢再抱怨,终于闭上嘴巴了。"我因为是她的女儿所以做了这些,绝不是因为爱。如果她试图操控我,我一定会头也不回地离开。"

一个曾被母亲深深伤害的女儿这样说:"我真的无法接近她,现在这样的距离就好。再近的话,我真的没办法。"这段话道出了多少女儿心中的渴望。

前文中的高教授常常告诉自己,暂且保持目前这样两不相见的状况,母亲没打来电话就是没事,没事的话就不要联络,有事再说。她心里清楚,母亲的身体状况只会越来越差,这是不可避免的,再怎么不愿意,有一天她必须要照顾母亲,到那个时候也许卧床或失智的母亲会变得比较可爱。

书中有太多太多女儿们如何保护自己的方法。与其说要学会如何当女儿,不如说要学会当个完整的、有自己意志的人。

后记
不容小觑的关系

看到这里,如果你觉得母女关系问题虽然存在,但不过是众多压力问题之一,生活中似乎有更多、也许更迫切的问题比母女关系问题更重要,那我得在书的最后再告诉你们两个小故事,让你们再次理解那无处不在的影响力甚至破坏力。

被点燃的母女地雷

话说有天早上我起床后按照惯例打开手机,收发"脸书"信息,看到某位在写作专业上我很尊敬的前辈,写了一篇阅读小川糸著作《蜗牛食堂》的心得,简短地描述自己看完感觉"很激动""哭得很惨"。

虽然这位朋友没说哭点在哪儿,但在那本书的导读中有这

后记　♥　不容小觑的关系

样的话,"表面上这是一个料理小说,但实际上通过描写这间餐厅与料理,真正处理的是一个庞大的主题:'母与女''生与死'和'自我与他人'的种种对照关系……"对我来说,这本书就是借着做饭来调整母女关系。如此理解应是不会错的,加上先前这位朋友在"脸书"上曾经巨细靡遗地忆起童年时与母亲相处的伤痛经验,让我印象深刻,所以我顺手写了一段话:"这踩到你母女关系的地雷了吧。"

不说则已,一说马上引来排山倒海般的责难。她很快发了私信给我,指责我"自以为是"。我既纳闷又不快,不知哪里惹到了她,很想知道发生了啥事。她认为我"自以为是"地"分析"她了,所以感觉被严重冒犯,我不该自作聪明地扮专家来解读她。

我真是百口莫辩:这不是我的分析而是你自己说的啊;如果我的心理师身份让你有"被分析"的感觉,那不该是我的错,我不该为这个职称道歉。既然加入"脸书",朋友们就一定会知道我的身份。工作与生活不是那么容易切割的,并非下班后大脑就可以自动关机,不再保持人心的敏感度。而且我本就无意分析她这个人,只是表达我的感受。我慎重地跟她解释,但暴跳如雷的她哪里听得进去。于是我只得无奈地说:"若你觉得不舒服,你就删了我吧。"而她也老实不客气地把我从朋友名单中删除,顺便把我们的共同朋友也删了。

母爱的伤，也有疗愈力量

当时还不到早上八点，我犹如被打了一记闷棍，连辩解的机会都没有，郁闷得要命，只得在"脸书"上写了一则短文，大致说了刚刚的遭遇，并写下一段话："心理师的职称到底是加分还是减分？自觉不想被'分析'的人请早早出列，或者干脆删了我，不要变成朋友之后再来批评这个朋友的特色……"

显然"脸书"也有取暖的功用，在周末的大清早仍有不少脸友给我安慰与鼓励：

> "这是职业原罪，不是你的错，当你留言的时候，以为自己是朋友身份，但朋友却会觉得你是以心理师的态度。就是这样喽，放宽心吧。"

> "其实很多人的情绪不稳定，我也常常暴走啊……"

> "我的解读是那个人在投射，而且把对妈妈的愤怒投射在心理师的角色上，即使你不是她的治疗师，可是因为你的职称也被她投射了！"

几个心理师朋友皆有同感：她突如其来的暴怒是情感上的投射，未被好好处理的、压抑多年的情感，她为了维护自尊转而对我进行言语上的攻击。可是，这一切的一切我都无法再多说什么，因为我该死地分析了朋友啊。

后记 ● 不容小觑的关系

大病之后选择放下

上述事情才发生没多久,当时是上午八点多,我九点刚好有个乳癌病友会的心灵团体要带领。虽然心情不爽,我还是稍加整顿,还好这个团体对我来说是亲切的,因为自己亦是乳腺癌病友的身份,我与这群姐妹不只是老师与学生的关系,我们还有病友间的革命情感。

课程从分享自己的生病经验开始,稍早发生的不好的事情已渐渐被我抛到脑外。然后我开始分组,让姐妹们有机会彼此分享,并在最后派代表出来总结。第三组报告的题目是"今后我想过的生活是……",代表第三组的是一位年约五十岁、长相圆润的大姐。看起来大方的她一接到麦克风就变得结结巴巴,她说:"我想我以后的生活是,再也不要在乎妈妈的想法了,我要活出自己,我要为自己而活!"

望着大家惊愕的表情,她进一步补充道:"我妈也是病人,我五十岁以前都在照顾她,但她心里只有姐姐一个人,什么东西都给她,什么事情都只想到她。我姐姐人在加拿大,也结婚了,婚姻也很好,可是我妈宁可把财产给她……"

我听了心里很是震撼:又是一个受伤女儿的故事。我很想仔细听,如果能有机会听她好好说,我想对于其他病友或她自己,都是很好的机会。但每组代表只有短短几分钟的时间,而且快十二点了,大家都在等待接下来的美味餐食。她似乎也了解时间不多,讲得很急切,既怕耽误其他姐妹的时间,又怕自己说得不完整。还好我们全都安静下来,在她激动的声音中理解她的苦楚。

"后来我也生病了,我妈并没有因为我生病而改变。我什么都为了她,帮她做了那么多,看医生、陪着住院什么的,到现在还是一个人,而她根本看不见我的辛苦,心里还是只记挂着国外的姐姐。我知道她是不会改变了,所以我看清楚了,看开了。我选择'放下',我什么都不要了,不去计较,我自由了。"

话毕,大家马上给予最热烈的掌声,她也因为倾吐了多年的委屈而显得略激动,久久不能平复。当我课后要离开,经过她身边时轻拍了她的肩膀,对着她微笑,而她像个期待被称赞的孩子一样对我说:"老师,我表现得还好吗?我这样讲可以吗?"

以上这些,都是某个平凡的星期六所发生的,而那天也只是我平凡日子里的其中一天。我哪里会知道,短短一天,"母女关系"竟会让我的心情如坐云霄飞车?

所以,母女关系的影响实在是既深且远啊。

母亲给的爱,会暖人,也会伤人。希望受伤的女儿们都从中找到疗愈的力量。